ライブラリ 物理学グラフィック講義＝別巻3

グラフィック演習
熱・統計力学の基礎

和田 純夫 著

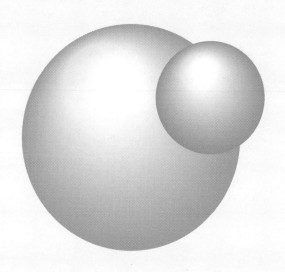

サイエンス社

サイエンス社のホームページのご案内
http://www.saiensu.co.jp
ご意見・ご要望は　rikei@saiensu.co.jp　まで．

まえがき

　本書は演習書なので，授業の補足として，あるいは何らかの教科書の理解を深めるために使っていただければ幸いである．構成は姉妹書である『グラフィック講義』に合わせているが，他の教科書にも合った内容にしたつもりである．

　熱現象に関する大学最初の講義は，「熱力学」という講義名が付くことが多い．それがなぜ「熱・統計力学」なのか．それについては『グラフィック講義』のほうでも説明したが，マクロな立場からの熱力学だけでは熱現象の真の理解は得られないというのが筆者の信念である．原子・分子の動きというミクロな観点（統計力学）がなければ，なぜ熱力学第2法則という不思議な法則が成り立つのか，その直観的なイメージが得られない．本書は統計力学的要素を入れながら，熱現象の物理学をわかりやすいものにするという方針で書かれている．

　本書では問題は各章ごとに，レベルを3つに分けてある．第1段階の「理解度のチェック」は，当たり前過ぎると思われる問題もあるが，しばしば勘違いして理解されている内容が含まれている．また，日常生活では登場しない物理特有の概念を，正しく把握しているかということも問うている．ここをしっかりと理解してから先に進んでいただきたい．第3段階の「応用問題」は，興味深い問題だが必ずしも最初は学ばなくてもいいだろうというものも含まれている．

　物理の内容としては，第4章までが基礎編，第5章以降が応用編となる．第3章で統計的発想が導入され，第4章が本書の中心と言える．第5章は物理的，第6章は化学的な応用であり，第7章は統計力学の基本的な応用を扱っている．

　勉強のスタイルは人さまざまだが，頑張って解答を見ずに解こうとしてもいいし，それが困難だと思ったら，最初から解答をちらちら見ながら解いてもいい．ただしその場合でも，自分なりの式を書いて，解答に書かれていることを納得しながら先に進んでいただきたい．実際に手を動かしながら考えるということは，演習書を学ぶときに非常に重要なことである．読者諸君の健闘を祈る．

2015年12月

和田純夫

目次

第0章　いかにして熱・統計力学を理解するか　　1

第1章　エネルギー・仕事・熱　　6
- ポイント　　6
- 理解度のチェック　　10
- 基本問題　　14
- 応用問題　　20

第2章　熱機関から熱力学第2法則へ　　24
- ポイント　1. 理想気体と熱力学的過程　　24
- 理解度のチェック　1. 理想気体と熱力学的過程　　26
- 基本問題　1. 理想気体と熱力学的過程　　30
- 応用問題　理想気体と熱力学的過程　　36
- ポイント　2. 熱機関と熱力学第2法則　　40
- 理解度のチェック　2. 熱機関と熱力学第2法則　　42
- 基本問題　2. 熱機関と熱力学第2法則　　44
- 応用問題　　50

第3章　エントロピー ── 確率的な見方　　54
- ポイント　1. 確率計算による決定　　54
- 理解度のチェック　1. 確率計算による決定　　56
- 基本問題　1. 確率計算による決定　　60
- ポイント　2. 微視的状態数からエントロピーへ　　62
- 理解度のチェック　2. 微視的状態数からエントロピーへ　　64
- 基本問題　2. 微視的状態数からエントロピーへ　　68
- 応用問題　　78

目　次　　　iii

第4章　平衡条件・自由エネルギー・化学ポテンシャル　82

- ポイント ……………………………………………………… 82
- 理解度のチェック …………………………………………… 86
- 基本問題 ……………………………………………………… 92
- 応用問題 ……………………………………………………… 100
- ゴムの弾性 …………………………………………………… 106

第5章　相転移の熱力学　108

- ポイント ……………………………………………………… 108
- 理解度のチェック …………………………………………… 110
- 基本問題 ……………………………………………………… 116
- 応用問題 ……………………………………………………… 124
- ファンデルワールス気体（実在気体） …………………… 128
- 強磁性 ………………………………………………………… 130

第6章　化学反応の熱力学　132

- ポイント ……………………………………………………… 132
- 理解度のチェック …………………………………………… 134
- 基本問題 ……………………………………………………… 138
- 応用問題 ……………………………………………………… 146
- 金属の酸化還元 ……………………………………………… 148
- 水素燃料電池 ………………………………………………… 150
- 活量 …………………………………………………………… 152

第7章　ボルツマン因子と等分配則　154

- ポイント 154
- 理解度のチェック 156
- 基本問題 160
- 応用問題 168
- 電磁波の熱統計（プランク分布など）................... 174

類題の解答　179
索　引　193

第0章 いかにして熱・統計力学を理解するか

I. 熱・統計力学の対象

　物体は一般に，無数の粒子（原子・分子）からなっているが，力学では個々の粒子は考えず，全体をひとかたまりとみなしていた．しかしそれでは物体の熱さ冷たさといったことが関係する問題は扱えないので，熱力学では内部の粒子が激しく動いているかどうかも考える．といっても個々の粒子の動きを個別に扱うわけではない．全体が**熱平衡**になった状態を扱う．熱平衡とは，たとえば気体を容器の中に入れ，温度を一定に保ったまま時間が経過したときに最終的に達する状態である（熱平衡からはずれた状態も考える熱力学もあるが，本書では扱わない）．

　熱平衡状態であっても内部の粒子は動いているので，ミクロに，つまり粒子レベルで見た状態（**微視的状態**という）は絶えず変わっている．それでも全体としては一定の性質（たとえば圧力）を保つ．そのような性質，そしてそれらが満たすさまざまな法則を扱うのが熱力学である．また，熱平衡が実現する理由，そして熱平衡状態の性質の，粒子レベルから見た起源を，統計・確率的に議論するのが統計力学である．

II. 導入される熱力学的諸量

　熱力学ではさまざまな量が登場するので，それらを整理して頭に入れるのが第一歩となる．まず，**エネルギー**（E あるいは U と書く）が登場する．そして熱 Q，仕事 W という量が出てくる．エネルギー，仕事，そしてエネルギー保存則は力学での感覚から想像できるだろう．熱は物体が接触しているときのエネルギー移動として定義される．移動を表しているので，物体がこれだけの熱をもっているとは言えない．しかし物体はこれだけのエネルギーをもっているとは言える．なぜそうなのか，それを表したのが（エネルギー保存則を拡張した）**熱力学第1法則**であり，第1章のテーマである．

　熱力学第2法則は，力学だけでは理解できない，熱力学独自の法則である．なぜ床に落ちている物体は周囲からエネルギーを集めて飛び上がらないのか．第1法則からは説明できない，当たり前のことに見えるがよく考えると不思議な様々な現象が，第2法則という形でまとめられることを第2章で示す．

　第2法則を数量によって表すのが**エントロピー** S である．エントロピーは熱力学でもさまざまな定義の方法があるが，どれも形式的なものである．本書ではエントロピーを統計・確率的に導入する．その方針には賛否はいろいろあるだろうが，なぜエントロピーという量が第2法則を導き出すのか，物理的に明らかになる．エントロピーは

「乱雑さ」を表すことがわかり，無数の粒子からなる系は，何も操作を加えなければ自然に乱雑な状態に向かうというのが第2法則であると理解される．これが第3章のテーマである．無数であることが重要であり，統計・確率的議論が通用する理由である．

そして第4章では，これらの量や法則を使って，熱・統計力学の基本的な諸原理が述べられる．さまざまな量が一気に登場する．特にU（内部エネルギー），F（ヘルムホルツの自由エネルギー），G（ギブスの自由エネルギーあるいは単にギブスエネルギー），H（エンタルピー）という4つの量を系統的に頭に入れなければならない．以下に，最初は意味はわからないだろうが，これらの量の関係を図示しておく．この図は本書を読む過程で，何度も見ていただきたい．

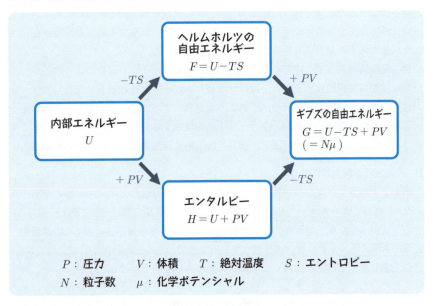

III. 力学的単位

熱・統計で重要な力学的な単位は，エネルギー（J…ジュール）と圧力（Pa…パスカル）である．Jは力×距離の単位（N m）であり，さらに分解すれば$\mathrm{kg\,m^2/s^2}$となる．圧力は単位面積当たりの力だから$\mathrm{Pa = N/m^2 = kg/m\,s^2}$だが，日常で使われる「atm（気圧）」もしばしば登場する．我々はほぼ圧力1 atmの大気中に生きている．歴史的理由で1 atm ≒ 1013 hPa（ヘクトパスカル）とされるが，hとは100倍という意味なので，1 atm ≒ 10^5 Paと考えればよい．

圧力と体積の積（PV）がエネルギーの単位をもつ量になることも覚えておきてい

第0章　いかにして熱・統計力学を理解するか　　　**3**

ただきたい．左ページの図でエネルギーに PV という項を足したり引いたりすることができるのも，両者が同じ次元をもつ量だからである．

　SI単位系では長さや質量は m, kg だが，現実的な状況では cm や g で表すのが適当である場合が多い．体積も L（リットル）がしばしば使われる（1 L は 10 cm 立方，すなわち 10^{-3} m^3）．しかし計算するときはすべて SI 単位系に換算することを勧める．

　一般に，換算には<u>1を掛ける</u>という手法を使うと間違えがない．たとえば 3 cm を m 単位に換算するには，$\frac{1\,\text{m}}{100\,\text{cm}}$（= 1）を掛けて，cm という単位が打ち消し合うようにする．

$$3\,\text{cm} = 3\,\text{cm} \times \tfrac{1\,\text{m}}{100\,\text{cm}} = \left(3 \times \tfrac{1}{100}\right) \times \left(\text{cm} \times \tfrac{\text{m}}{\text{cm}}\right) = 0.03\,\text{m}$$

である．

IV. 熱力学的単位（温度とモル）

　熱力学に特有な単位の1つが温度である．摂氏温度（℃）と絶対温度（K … ケルビン）は零点が違うだけなので，温度差を表す単位としては℃もKも同じであり，本書でも両方を使う（絶対温度は24ページ参照）．

　物質の量は，粒子がいくつと表現すればよさそうだが，10の何十乗といった膨大な数になり，また一般的には，物質中の粒子数を正確に数えられるわけではない．そこで mol（モル）という単位が使われる．1 mol とは，ほぼ，水素原子 1 g 分の原子数であり，現時点では炭素原子 ^{12}C，12 g 分の原子数として定義されている（この定義は 2018 年に変更される予定）．

　1 mol 分の粒子数のことを**アボガドロ数**（N_A）（あるいはアボガドロ定数）というが，マクロな量を考えている限り，N_A がいくつであるか知る必要はない．^{12}C，12 g 分の粒子数の何倍（あるいは何分の1）であるか，比例関係だけがわかればよい．しかし物理現象を粒子レベルで考えるときは，物質量を表すのに粒子数そのもの（N と書く）を使いたい．mol で表した物質量を m とすれば，$N = m N_A$ である．

　比熱は一般に C と書くが，どれだけの量に対する比熱なのかに注意しなければならない．たとえば 1 g を 1 ℃ 上げるのに必要な熱は g 比熱と呼ばれるが，単位は J/g ℃（あるいは J/g K）となる．1 g ではなく 1 mol だったらモル比熱ということになるが，単位は J/mol ℃（あるいは J/mol K）となる．与えられた比熱が何なのかは，それに付けられた単位を見ればわかる．

　熱に対しては cal（カロリー）という単位が使われていたが，熱はエネルギーと同じ次元の量であることが明らかになったので，エネルギーの単位 J が使われるようになった．1 cal とは水 1 g（約 1 cm^3）を 1 ℃ 上げるのに必要な熱だが，それは 4.2 J に等しい（熱の仕事当量 … 9 ページ）．したがって水の g 比熱は 4.2 J/g ℃ である．ま

た水 1 mol は約 18 g なので(水の分子量は 18),モル比熱は約 76 J/mol °C となる.このあたりは常識として頭に入れておいていただきたい.

V. 物理定数(マクロな量とミクロな量)

本書に登場する物理定数を,右ページに表にした.熱・統計で特に重要なのは,**気体定数** R と**ボルツマン定数** k である.この 2 つの定数の値はまったく違うが,実はアボガドロ定数 N_A を通じて関係しており,$R = N_A k$ である.

R は,理想気体の状態方程式 $PV = mRT$ によって導入された定数であり,物質量 m を mol 単位で表現したときの値が,表に記されている数値である.密接に関係しているエネルギー(状態方程式の左辺)の単位と絶対温度 T(右辺)の単位,そして物質量 m の単位を先人が別々に決めてしまったので,そのつじつま合わせをするための比例係数だとも言える.

物質量を m ではなく粒子数 $N \, (= N_A m)$ で表すと,$R = N_A k$ より,状態方程式は $PV = NkT$ となる.つまり mol 単位で考えるマクロな見方で R だったものは,粒子単位で考えるミクロな見方では k になる.R において物質量の単位 mol を個数に換算したものが k なのだが,「個」というのは SI 単位系に入っていないので,そのことがよくわからなくなっている.右ページの表には個という単位を付けた表記も示した.換算には $1 = \frac{6.022\cdots \times 10^{23} \text{個}}{1 \text{ mol}}$ という関係を使えばよい.

一般に物質の 1 mol 当たりの内部エネルギーは RT の数倍だが,粒子 1 つ当たりのエネルギーは kT の数倍になる.本書では,粒子レベルで議論を進めるとき(特に物理的状況)は k,マクロなレベルで議論を進めるとき(特に化学的状況)は R を使う.

R の数値が普通の大きさなのに,k の数値が非常に小さいのは,使われているエネルギーの単位 J が元々,マクロなスケールだったからである.ミクロなスケールで便利なエネルギーの単位が電子ボルト(eV)である.たとえば応用問題 1.2 を参照.質量も電子や原子は極めて小さな数値だが,アボガドロ数を掛けると数値としてはかなり普通の大きさになる.^{12}C の原子 1 つの質量の $\frac{1}{12}$ を 1 とする**原子質量単位**(u と書く)という単位もあるが,本書では使わない.

右ページの表の最後にプランク定数を入れた.これは量子力学で導入された自然界の基本定数である.本書の読者には量子力学をまだ学んでいない人も多いだろうが,ミクロの世界ではエネルギーは連続的には変わらず,とびとび(離散的)になる.そのとびを表すのに必要な定数がプランク定数 h である.本書では詳しいことは知らずとも,「エネルギーが離散的になる」という事実だけを念頭に置いておけばよい.原子分子の世界の話であり,日常的な単位で表すと h は非常に小さな数値になる.

第 0 章　いかにして熱・統計力学を理解するか

物理定数	単位
熱の仕事当量	1 cal = 4.182 J
アボガドロ数（N_A）	$6.022\cdots \times 10^{23}$ 個/mol
気体定数（R）	$8.314\cdots$ J/mol K
ボルツマン定数（k あるいは k_B）	$1.380\cdots \times 10^{-23}$ J/K（あるいは J/個 K）
絶対温度（K）	摂氏温度（℃）+ 273.15
気圧（atm）	1 atm = 101325 Pa
電子ボルト（eV）	1 eV = $1.602\cdots \times 10^{-19}$ J
電子の電荷／素電荷（e）	$1.602\cdots \times 10^{-19}$ C
水素原子の基底状態のエネルギー	13.60 eV
水素分子の結合エネルギー	4.75 eV
電子の質量	$9.109\cdots \times 10^{-31}$ kg
水素原子の質量	$1.673\cdots \times 10^{-27}$ kg
原子質量単位（u）	1 u = $1.6605\cdots \times 10^{-27}$ kg
プランク定数（h）	$6.626\cdots \times 10^{-34}$ J s

第1章 エネルギー・仕事・熱

> **ポイント**

● **力学的エネルギーの復習**　地上で物体が落下すると速度が増える．そのとき，物体の質量を M，各時刻での速度を v，地上からの高さを x とし，

$$\text{運動エネルギー} = \tfrac{1}{2}Mv^2$$
$$\text{位置エネルギー} = Mgx$$

とすると，その合計は落下しても変わらない．

$$\tfrac{1}{2}Mv_1^2 + Mgx_1 = \tfrac{1}{2}Mv_2^2 + Mgx_2 \tag{1.1}$$

これを**力学的エネルギー保存則**という．この位置エネルギーは，正確にいえば，この物体と地球との位置関係で決まるエネルギーであり，「物体と地球からなる系」がもつ位置エネルギーである．力学的エネルギー保存則はこの系全体に対して成り立つ（厳密には地球の運動エネルギーも加えなければならないが，地球の運動エネルギーは，地上にある小さな物体の影響をほとんど受けず一定なので，通常は無視される）．

● **開いた系に対するエネルギー保存則**　上記のような法則を，**閉じた系**（あるいは**孤立した系**）のエネルギー保存則という．つまり，この物体と地球以外のものの影響はすべて無視でき，これだけが孤立した系とみなせるとした（仮定した）状況での法則である．それに対して，物体だけを1つの系とみなすと，系の外部である地球からの影響は無視できないので，**開いた系**という問題となる．この場合，上式 (1.1) を

$$\tfrac{1}{2}Mv_2^2 - \tfrac{1}{2}Mv_1^2 = -Mg(x_2 - x_1) \tag{1.2}$$

と書き直し，系のエネルギーの変化（左辺）が，重力による仕事（右辺）に等しいことを表していると解釈する．仕事とは力（Mg）× 移動距離（$x_2 - x_1$）のことであり，ここでは力は負の方向（下方向）なので右辺に負号が付く．

● **内部エネルギー**　物体が斜面を滑り降りる場合，摩擦があると速度はあまり増えない．そのため式 (1.1) のようなタイプの法則は成り立たない．しかし摩擦があると斜面で熱が発生し，物体や斜面の温度が上昇する．そこで，物体の**内部エネルギー**という量を考える．これは，物体が全体としては動いていなくても，内部の原子分子が細かく動いている（**熱運動**）ことによるエネルギーである．温度を上げると内部エネルギーも増える．そしてこの量を適切に定義すれば，閉じた系に対して，

$$\text{力学的エネルギー} + \text{内部エネルギー} = \text{一定} \tag{1.3}$$

という法則が成り立つ．これを，**広義のエネルギー保存則**，あるいは閉じた系に対する**熱力学第 1 法則**という．

● **開いた系に対する熱力学第 1 法則**　外部からの影響があれば，広義のエネルギー（式 (1.3) の左辺）も一定ではない．外部からの影響としては，まず式 (1.2) 右辺のような仕事があり，また熱というものがある．熱とは，たとえば高温物体と低温物体を接触させた場合に，エネルギーが境界を通して移動することをいう．式でまとめると

$$\begin{aligned}&\text{（開いた系に対する）熱力学第 1 法則：}\\&\text{力学的エネルギーの変化} + \text{内部エネルギーの変化}\\&= \text{外部から受けた仕事} + \text{外部から伝わった熱}\end{aligned} \tag{1.4}$$

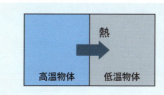

低温側に正の熱の伝達
高温側に負の熱の伝達

注 1　仕事や熱は負になることもある．たとえば左ページの例では，落下しているとき ($x_2 < x_1$) は重力による（つまり外部から受けた）仕事は正であり運動エネルギーは増えるが，上昇しているとき ($x_2 > x_1$) は外部から受けた仕事は負であり運動エネルギーは減る．また，上図の場合，低温物体側を系と考えれば，エネルギーは入ってくるので，外部から伝わった熱 > 0 だが，高温物体側を系と考えれば熱は出ていくので，外部から伝わった熱 < 0 である．

注 2　外部から受ける影響を細かく分類して，仕事と熱以外に，波動，送電，電磁波を考える人もいる．また物質が系から出入りするとその影響もあるが，物質移動は第 4 章で扱う．

● **仕事による内部エネルギーの変化** 仕事により力学的エネルギーが変化し，熱により内部エネルギーが変化するとは限らない．熱により力学的エネルギーが変化する（あるいは熱により仕事が生じる）という場合は第2章で扱う．ここでは仕事により内部エネルギーが変化する重要な例を3つあげよう．

1. **撹拌** 容器に入れた水を棒でかき混ぜる．力を加えて水を動かしているのだから仕事をしたことになるが，水の動きが落ち着いた後では，水の力学的エネルギー（運動エネルギーや位置エネルギー）は何も変わっていない．温度が（わずかだが）上昇し内部エネルギーが増えている．

2. **気体の収縮・膨張** 下図のように，気体を入れた容器の左側の壁が左右に動くようになっているとする（ピストン）．外力 F で，距離 d だけピストンを押し込めば，気体に対して Fd の仕事をしたことになる．このときの気体の体積変化を ΔV としよう．ピストンの断面積を S とすれば $\Delta V = -Sd$ なので（体積 V は減っている … $\Delta V < 0$），

$$\text{気体が受けた仕事} = Fd = -\frac{F}{S}\Delta V = -P_0 \Delta V \quad (>0 \cdots \text{収縮時}) \tag{1.5}$$

$P_0 \left(= \frac{F}{S}\right)$ とは，外力 F がピストンに与える単位面積当たりの力，つまり圧力である．気体自体の圧力（P と書く）とは違うので P_0 と書いた．$P_0 > P$ である（だからピストンは右に動く）．ピストンを動かしても気体全体の運動エネルギーや位置エネルギーが変化するわけではなく，この仕事の分だけ内部エネルギーが増える（気体の温度が上昇する）．もし $P_0 < P$ だったらピストンは逆に動き（膨張），仕事 < 0 になるので温度は下がる．

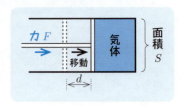

3. **摩擦力** 摩擦力を受けながら斜面を滑る物体を考える．物体の形は変わらないとすれば，物体全体に対して運動方程式が成り立つので，力学的エネルギーの変化 = 仕事 という関係が成り立つ．これと熱力学第1法則を組み合わせると，次の関係が成り立つことがわかる（理解度のチェック1.3を参照）．

$$\text{内部エネルギーの変化} = -\text{摩擦力による仕事}$$

第 1 章　エネルギー・仕事・熱

● **熱の仕事当量**　水 1 g の温度を 1 ℃ 上げるのに必要な熱が 1 cal（カロリー）だが，仕事（たとえば撹拌）によって同じことをするにはどれだけの仕事が必要だろうか．それを測定することにより，熱の単位 cal と，仕事（あるいは力学的エネルギー）の単位 J（ジュール）の関係がわかり，結果は

$$1\,\text{cal} \fallingdotseq 4.2\,\text{J} \tag{1.6}$$

右辺の値を，熱と同等の仕事の量という意味で，**熱の仕事当量**という．

● **熱容量**　物質の温度を 1 ℃ 上げるのに必要な熱（**熱容量**という）は，物質の種類にも量にも依存する．ある特定の質量に対する熱容量を一般にその物質の**比熱**というが，特に 1 g の場合を **g 比熱**，1 kg の場合を **kg 比熱**という．質量 M，比熱 C の物体の温度を ΔT だけ上げるのに必要な熱を Q とすれば

$$Q = M \times C \times \Delta T \quad \text{あるいは} \quad C = \frac{Q}{M \Delta T} \tag{1.7}$$

となる．また質量ではなく 1 モル（1 mol）に対する熱容量は**モル比熱**という．その場合は上式の M は質量ではなく**モル数**にしなければならない（基本問題 1.1 参照）．モルの厳密な定義は時代によって異なるが，アボガドロ数 N_A（$\fallingdotseq 6.02 \times 10^{23}$）個の粒子数を含む量だと考えればよい．水素原子ならば約 1 g である．

● **気体の比熱**　気体の場合，たとえば 1 気圧（1 atm）のまま温度を上げると体積は膨張する．しかし圧力を増やして体積を変えないこともできる．どちらのプロセスにするか（**定圧過程**か**定積過程**か）によって必要な熱が違うので比熱も違う．それぞれ**定圧比熱**，**定積比熱**という（基本問題 1.7 参照）．

● **潜熱**　氷が融けるときは，温度が変わらなくても熱が必要である（**融解熱**）．水が蒸発するときも同様である（**気化熱**）．このように物質の状態（相という）が変わるときに出入りする熱を一般に**潜熱**という．

たとえば融解過程では熱は吸収され，凝固過程では熱は放出されるが，これらは逆過程の関係にあり融解熱と凝固熱の値は等しい．気化と凝縮も同じ関係にある．

理解度のチェック ※類題の解答は巻末

理解 1.1 （落下運動でのエネルギー） 「（地表近くに存在する）1つの物体と地球」という系を考える．
(a) その間にはどのような力が働いているか．
(b) それ以外の物体や天体は一切考えないものとする（つまりこの物体と地球で1つの閉じた系を作っているとする）．そのとき，力学的エネルギー保存則はどのようになるか（言葉で表せばよい）．
(c) 物体だけでは閉じた系にはならない．つまり物体は外部から影響を受ける．外部とは何か．その影響とは何か．
(d) 物体だけを考えたとき，そのエネルギーの変化についてどのような法則が成り立つか．

理解 1.2 （熱） (a) 高温の物体と低温の物体が接触し，台の上に置かれて静止している．この2つの物体は「熱的に閉じている」とする．これはどういう意味か．
(b) このとき（熱的に閉じているとき），エネルギー保存則はどのように表されるか．
(c) この場合でも，高温物体だけを考えれば熱的に閉じた系にならず，外部から影響を受ける．外部とは何か．影響とは何か．
(d) 高温物体だけを考えたとき，そのエネルギーの変化についてどのような式が成り立つか．その式が表している実際の現象も説明せよ．

理解 1.3 （摩擦力） (a) 固定された水平な台の上に物体が乗っている．物体は最初は動いていたが，台との間に働く摩擦力によって減速し停止した．このとき，エネルギー的に閉じた系とは何か．その系に対するエネルギー保存則はどのように表されるか．
(b) 物体だけを考えたとき，その動きは摩擦力によって変化する．このことから，力学的なエネルギーの変化についてはどのようなことがわかるか．
(c) 以上のことから，摩擦力の仕事の分だけ，物体と台の内部エネルギーが増えることを示せ．

第1章　エネルギー・仕事・熱

答 理解 1.1　(a)　重力（万有引力）が働いている．
(b)　物体の運動エネルギー＋地球の運動エネルギー＋物体と地球間の重力による位置エネルギー ＝ 一定
(c)　物体だけを系とすれば地球が外部になる．物体は地球から重力を受ける．
(d)　物体の運動エネルギーの変化 ＝ 地球の重力による仕事

答 理解 1.2　(a)　これ以外の物体との間には熱の出入りがないという意味．つまり台や周囲の空気との間には熱の出入りはない．
(b)　高温物体の内部エネルギー＋低温物体の内部エネルギー ＝ 一定（静止しているとしたので，力学的エネルギーは考えなくてよい）．
(c)　高温物体のみからなる系に対しては低温物体が外部になり，その間で熱の伝達がある．
(d)　高温物体の内部エネルギーの変化 ＝ 低温物体から伝わった熱．両辺とも負である．実際には高温物体側から（正の）熱の伝達がある．それを低温物体からの負の熱の伝達として表現している．

答 理解 1.3　(a)　物体と台が閉じた系になる．物体は水平方向にしか動かないので，重力による位置エネルギーは変化せず，エネルギーの出入りにおいて重力は考える必要はない．摩擦によって，物体と台が熱くなることは考えなければならない．したがってエネルギー保存則は

　　物体の運動エネルギー＋物体の内部エネルギー＋台の内部エネルギー ＝ 一定

あるいは

　　　　物体の運動エネルギーの変化＋全内部エネルギーの変化 ＝ 0

台は固定されているとしたのでその運動エネルギーは考える必要はない．
(b)　物体の運動エネルギーの変化 ＝ 物体が摩擦力から受けた仕事．摩擦力は物体の動きとは逆向きなので，右辺は負．したがって当然のことながら，物体の運動エネルギーは減少する．
(c)　2つの式を組み合わせれば

　　　　全内部エネルギーの変化 ＝ −物体が摩擦力から受けた仕事

類題 1.1（摩擦力） 理解度のチェック 1.3 と似た問題だが，台の表面は傾いていて，物体は下に滑っているとする．その場合に同じ問いに答えよ．やはり台は固定されているとせよ．

理解 1.4（気体の圧縮） (a) 図のような装置でピストンを押し込むと気体の温度が上がった．その理由を熱力学第 1 法則から示せ．ただし装置の壁やピストンは熱を通さないとする（断熱的であるとする）．
(b) 強い力で押し込む場合と弱い力で押し込む場合では，温度上昇にどのような違いがあるか．
(c) 問 (b) の答えを，気体分子の運動という観点から説明せよ．

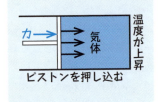

理解 1.5（熱容量） 20 °C の水に 100 °C に熱した鉄を入れたら，水が 25 °C になったとする．同じ水に 100 °C で同じ質量のアルミニウムを入れたときの水の温度は 25 °C よりも高いか低いか．同じ温度にするには，(100 °C の) アルミニウムの質量をどうしなければならないか（アルミニウムのほうが g 比熱は大きい）．

理解 1.6（融解熱） (a) 0 °C の水が入っているコップに 40 °C の水を入れた．どうなるか．
(b) 今度は，0 °C の氷を入れたコップに 40 °C の水を注いだ．氷はどうなるか．結果の可能性をあげよ．ただし，コップから出ていく熱は無視できるものとする．

理解 1.7（凝縮熱） 乾燥した熱風と，湿気のある熱風を肌に吹き当てた場合，どちらが，より危険か．ただし温度は等しいものとする．

第 1 章　エネルギー・仕事・熱　　　　　　　　　　　　　　　　　**13**

答 理解 1.4　(a)　気体全体としては動いていないので，力学的エネルギーは考える必要はない．したがってこの場合の第 1 法則は

$$\text{内部エネルギーの変化} = \text{気体になされた仕事}$$

であり，また仕事は式 (1.5) で表される．つまり気体を圧縮すれば内部エネルギーが増加するので，温度は上がる．
(b)　式 (1.5) より，減少した体積 ΔV が同じならば，力が大きいほど仕事も大きく，内部エネルギーの増加も大きいので温度上昇も大きくなる．
(c)　ピストンを押し込むとき気体の分子は激しく跳ね返り，分子運動は激しくなる．したがって，ピストンを強く（つまり速く）押したほうが温度上昇が大きくなる．

答 理解 1.5　アルミニウムのほうが比熱が大きいので，同じだけ温度を下げたときでも，水に伝達する熱は鉄の場合よりも大きい．したがって水の温度は 25 °C よりも高くなる．伝達する熱は積 MC で決まるので（式 (1.7)），比熱 C が大きい分だけ質量 M を減らせば熱が同じになる．つまり比熱の比率で割っただけの質量にすればよい．

答 理解 1.6　(a)　熱の伝達が起こり，0 °C と 40 °C の中間の温度になる．
(b)　氷は水から熱を受け取り融ける．その熱は氷から水への変化に使われ（融解熱），温度上昇にはならない．つまり融けた段階での水の温度は 0 °C である．同時に，最初は 40 °C であった水の温度は下がる．それが 0 °C になる前に氷がすべて融ければ，すべて水になったので温度は 0 °C より上がる．一方，氷の量が多くてすべて融けなければ，0 °C の氷と水が共存する状態になる．

答 理解 1.7　湿気のある熱風が肌に当たると，その中の水蒸気が凝縮して水滴になり，そのときに凝縮熱が発生する．つまり，より危険である．乾燥した熱風ならば逆に，肌から汗が蒸発するので気化熱を奪い，肌を冷やす．

基本問題 ※類題の解答は巻末

基本 1.1 (比熱の単位) 一般に，物体の温度を 1 °C 上げるときに必要なエネルギーが熱容量だが，物質の種類にもよるが量にもよる（量に比例する）ので，数値を見るときは，どのような量に対する熱容量なのかに注意しなければならない．それは，その数値に付けられた単位を見ればわかる．

(a) 物質 1 g および 1 kg に対する熱容量（g 比熱，kg 比熱）のときの単位を求めよ．1 mol のときはどうか（モル熱容量あるいはモル比熱）．

(b) 1 mol = x g の物質に対して，g 比熱 1 単位を他の比熱に換算せよ．

(c) 水 1 g を 1 °C 上げるのに必要な熱が 1 cal である．水の kg 比熱を求めよ．ただし 1 cal = 4.2 J（熱の仕事当量）である．

基本 1.2 (熱の移動) 80 °C の湯の中に入れておいた 100 g の鉄の塊を，20 °C，100 g（100 cm^3）の水の中に入れ替えた．水の温度はどうなるかを，鉄の比熱を 450 J/kg °C，水の比熱を 4200 J/kg °C（上問 (c)）として，次のように計算しよう（外部とのエネルギー移動はないと考えてよい）．

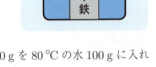

(a) 最終的な温度を X °C とし，鉄と水の比熱をそれぞれ $C_\text{鉄}$，$C_\text{水}$，質量を $M_\text{鉄}$，$M_\text{水}$ として，熱の移動について成り立つ関係式を求めよ．

(b) この式を変形して，X を求める式にせよ．

(c) 数値を代入して，X を求めよ．

類題 1.2 (比熱の決定) 20 °C の何らかの金属 100 g を 80 °C の水 100 g に入れたら，水の温度は 77 °C になった．この金属の比熱を求めよ．

類題 1.3 (熱と比熱) 温度の異なる，異種の金属 A と B を接触させた．熱の移動が起こり温度が等しくなった．A の質量は B の質量の 2 倍であり，A の温度降下は，B の温度上昇の 2 倍であった．A と B の比熱の間にはどのような関係があるか．

第1章　エネルギー・仕事・熱　　　　　　　　**15**

答 基本 1.1　(a)　g 比熱の場合，1 g 当たり，摂氏 1 度（1 °C）上げるごとに何 J のエネルギーが必要なのか，ということだから

$$\text{g 比熱} = \text{エネルギー（J）} \div \text{質量（g）} \div \text{温度差（°C）}$$

という式になるので，単位は J/g °C．また温度差は，摂氏でも，**絶対温度**（単位は K（ケルビン）… -273.15 °C を 0 K とする温度）でも同じなので，J/g K としてもよい．1 kg の場合も同様に，J/kg °C．あるいは J/kg K でもよい．1 mol の場合は，J/mol °C，あるいは J/mol K．

(b)　$1 \text{ J/g °C} = 1 \text{ J/g °C} \times (1000 \text{ g/1 kg}) = 1000 \text{ J/kg °C}$．g という単位が分子と分母で打ち消し合った．また，モルに換算するには

$$1 \text{ J/g °C} = 1 \text{ J/g °C} \times (x \text{ g/1 mol}) = x \text{ J/°C mol}$$

(c)　水の熱容量は 1 cal/g °C なので

$$1 \text{ cal/g °C} = 4.2 \text{ J/g °C} = 4200 \text{ J/kg °C}$$

（厳密には温度に依存し，たとえば 15 °C では 4186 J/kg °C となる．）

答 基本 1.2　(a)　X は当然，20 と 80 の中間である．鉄から出ていった熱は鉄の温度変化 $(80-X)$ °C と鉄の比熱からわかり，水に入った熱は水の温度変化 $(X-20)$ °C と水の比熱からわかる（式 (1.7)）．それが等しいのだから

$$C_\text{鉄} \times M_\text{鉄} \times (80-X) = C_\text{水} \times M_\text{水} \times (X-20)$$

(b)　上式を書き直すと

$$(C_\text{水}M_\text{水} + C_\text{鉄}M_\text{鉄})X = 20C_\text{水}M_\text{水} + 80C_\text{鉄}M_\text{鉄}$$

(c)　$C_\text{水}M_\text{水} = 420$ J/°C，$C_\text{鉄}M_\text{鉄} = 45$ J/°C なのだから，鉄の影響は小さいことが予想される（温度は 20 °C からあまり上がらない）．実際，上の式に代入すれば，$X \fallingdotseq 26$ となる（水は 6 °C 温度が上がり，鉄は 54 °C 温度が下がった．鉄のほうが比熱が 10 倍小さいので，温度変化は約 10 倍になった）．

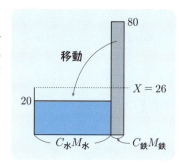

基本 1.3 （電力による温度上昇） 20 °C の水 1 L (= 1000 cm^3) を 90 °C まで熱したい．電力 1000 W のヒーターによって，まったく無駄なく熱することができるとすれば，どの程度の時間がかかるか．

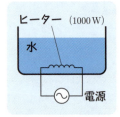

基本 1.4 （摩擦による温度上昇） 水滴が上空から等速で落ちてくる．重力による下向きの力と，空気抵抗による上向きの力がつり合って，落下速度は一定になっているとする．空気抵抗を受け，熱が生じて水滴の温度が上がる．水滴を半径 1 mm の球とし，生じた熱の半分が水滴に吸収されるとして，1000 m 落下したときの温度上昇を求めよ．

類題 1.4 （摩擦による温度上昇） (a) 電気ドリルで金属に穴を開ける．消費された電力は何のエネルギーになるか．
(b) 電気エネルギーの 80 % が摩擦熱になり，金属と，ドリルのキリに一様に広がったとする．金属とキリの全質量が 300 g，比熱がどちらも 450 J/kg °C であるとして，消費電力 70 W のドリルを 1 分間動かした後，金属の温度は何度，上昇するかを計算せよ．

基本 1.5 （人体のエネルギー消費） (a) 成人男性は，何もしなくても 1 日 1500 kcal のエネルギーを消費する（基礎代謝という）．このとき人間は何 W（ワット）のエネルギー発生源とみなせるか．

ヒント この値は 1 日当たりのエネルギー消費量だから，正しく書けば 1500 kcal/日である．これを W = J/s に換算する問題である．

(b) このエネルギーの $\frac{2}{3}$ は，水が蒸発することによって失われるとすると，この人は 1 日にどれだけの水蒸気を（汗の蒸発や吐く息の中の水蒸気として）発散していることになるか（水 1 g が蒸発するときに 2260 J の熱（気化熱）を吸収するとして計算せよ）．

類題 1.5 上問のエネルギーは，この人の位置エネルギーに換算すると，どれだけの高度に相当するか．体重を 60 kg として計算せよ．

第 1 章　エネルギー・仕事・熱　　　　　　　　　　　　　　**17**

答 基本 1.3　1 L の水の質量は 1 kg．比熱は 4200 J/kg °C だから，それを 70 °C だけ上げるのに必要なエネルギーは

$$\text{比熱} \times \text{質量} \times \text{温度差} = 4200 \text{ J/kg °C} \times 1 \text{ kg} \times 70 \text{ °C} = 2.94 \times 10^5 \text{ J}$$

電力 1000 W とは 1 秒に 1000 J ということだから（1000 W = 1000 J/s），かかる時間は

$$2.94 \times 10^5 \text{ J} \div 1000 \text{ J/s} \fallingdotseq 300 \text{ s}$$

約 5 分である．

答 基本 1.4　落下しているが空気抵抗があるため速度は変化しない．つまり水滴の力学的エネルギーのうち位置エネルギー（正確にいえば水滴と地球の系の位置エネルギー）が失われ，それが水滴および周囲の空気の内部エネルギーになる．したがって

$$\text{温度上昇} = \tfrac{1}{2} \times (\text{失われた位置エネルギー}) \div (\text{水滴の熱容量})$$

である．右辺の各因子は（$h = 1000$ m として）

$$\text{失われた位置エネルギー} = gh \times \text{水滴の質量}$$

$$\text{水滴の熱容量} = \text{水滴の質量} \times \text{比熱}$$

なので，結局

$$\text{温度上昇} = \tfrac{1}{2} \times gh \div \text{比熱} = \tfrac{1}{2} \times 9.8 \text{ m/s}^2 \times 1000 \text{ m} \div (4200 \text{ J/kg °C})$$

$$\fallingdotseq 1.2 (\text{m}^2 \text{ kg/s}^2 \text{ J}) \text{°C} = 1.2 \text{ °C}$$

（ただし水滴からの水の蒸発があれば，かえって温度が下がることもありうる．）

答 基本 1.5　(a)　W とは，1 秒間当たりのエネルギー量を表す（W = J/s）．したがって kcal を J に換算した上で 1 秒当たりの量を計算すれば

$$\text{基礎代謝のエネルギー消費率} = 1500 \text{ kcal/日}$$

$$= 1.5 \times 10^3 \times 10^3 \text{ cal} \div 1 \text{ 日}$$

$$= (1.5 \times 10^3 \times 10^3 \times 4.2) \text{ J} \div (24 \times 60 \times 60) \text{ 秒}$$

$$\fallingdotseq 73 \text{ J/s} = 73 \text{ W}$$

(b)　$\tfrac{2}{3} \times 1500$ kcal/日 $\div 2260$ J/g $= (1.0 \times 10^3 \times 10^3 \times 4.2)$ J/日 $\div 2260$ J/g $\fallingdotseq 1.9 \times 10^3$ g/日．約 2 kg だから水にすれば 2 L である．人間はこの程度の水分を 1 日に摂取しなければならない．

基本 1.6（気体に及ぼす仕事）

(a) 気体の入った横向きの筒の左側にピストンが付けられている（右図）．気体の入っている部分は，長さ l，断面積 S とする．ピストンに左から一定の力 F を加えて押し込んで，長さを半分（$\frac{l}{2}$）にした（F には左から掛かる大気の圧力も含まれる）．筒からは熱の出入りはないとすると，気体の内部エネルギーはどれだけ増えたか．

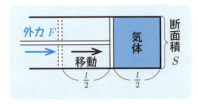

(b) 筒の断面積 S を a 倍にし，長さ l は a 分の 1 にした．体積（$aS \times \frac{l}{a} = Sl$）は変わらないので気体の量も (a) の最初の状態と変わらない．やはりピストンに左から同じ大きさの力 F を加えて長さを半分（つまり $\frac{l}{2a}$）にすると，気体の内部エネルギーはどれだけ増えるか．

(c) (b) の答えを (a) と同じにするには，力 F の大きさを変え，ピストンから気体に掛かる圧力を同じにすればいいことを示せ．このとき，内部エネルギーの変化は「−圧力 × 体積変化」と表されることを示せ．

⚫ ここで圧力とは，外部から掛ける圧力であり，ピストン内部の気体の圧力ではない．外から，気体の圧力より大きな圧力を掛けてピストンを中に押し込むという設定である． ●

基本 1.7（定積過程と定圧過程） 一般に物体に熱を与えて温度を上げれば膨張する．特に気体の場合，体積の膨張率は大きい．しかし外からの圧力を増やして体積を一定に保つこともできる．圧力を変えないで（体積は増える）温度を 1 ℃ 上げるときに必要な熱を定圧比熱，体積を変えないで（圧力は増える）温度を 1 ℃ 上げるときに必要な熱を定積比熱（または定容比熱）というが，定圧比熱と定積比熱はどちらが大きいか．それぞれの場合の熱力学第 1 法則を考えて直観的に説明せよ．

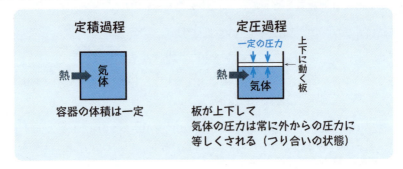

答 基本 1.6 (a) ピストンが動く距離は $\frac{l}{2}$. 気体が受けた仕事は，力×距離 だから $F \times \frac{l}{2}$. 熱の出入りなど，その他のエネルギーの出入りはないとすれば，熱力学第 1 法則より，仕事がそのまま内部エネルギーの変化（増加分）になる.

(b) ピストンが動く距離は $\frac{l}{2a}$. したがって気体が受けた仕事は 力×距離 で $F\frac{l}{2a}$ となる．これが内部エネルギーの変化になるから，(a) と比べて a 分の 1 になる.

(c) 圧力とは単位面積当たりに働く力だから，ピストン全体に掛かる力が F のときは，気体が受ける圧力は $\frac{F}{S}$ になる．S を a 倍にしたときにこれを変えないためには F も a 倍にすればよい（つまり 力 $= Fa$）．すると仕事は $Fa \times \frac{l}{2a} = F\frac{l}{2}$ となって，(a) と同じになる．また，

$$F\frac{l}{2} = \frac{F}{S} \times \frac{Sl}{2} = 圧力 \times 体積変化$$

となっている．これは F と S を a 倍，l を a 分の 1 にしても変わらない.

答 基本 1.7 温度を上げるには内部エネルギーを増やさなければならない，ということがポイントになる．体積を変えない場合（定積過程），与えられた熱はすべて内部エネルギーになり，温度上昇に結び付く．しかし圧力を変えないため体積を増やすと（定圧過程），気体は外部に対して仕事をすることになる（外部から負の仕事をされる）．したがって，その分だけ気体の内部エネルギーの増加は抑えられ，温度の上昇も抑えられる．つまり温度を上げるには，余分に熱を与えなければならず，比熱は大きくなる．つまり定圧比熱のほうが大きい.

注 このことは，定圧比熱と定積比熱の差が仕事に関係することを意味し，熱と仕事との関係（熱の仕事当量）を調べる上で重要な情報になる．応用問題 1.4 を参照．●

板が持ち上がるとき気体は外に正の仕事をする（気体は負の仕事を受ける）

応用問題

応用 1.1（比熱の比較） (a) 金属の比熱は，原子1つ当たりにすればほぼ同じである．このことを使って，鉄の比熱からアルミニウムの比熱を推定しよう．鉄の比熱は 448 J/kg °C であり，また原子量は鉄が 56，アルミニウムが 27 である．
(b) もし同じ原理が水についても使えるとしたら，水の比熱はどうなるか．ただし，酸素原子と水素原子の平均が鉄原子の熱容量に等しいと考えよ．酸素の原子量は 16，水素の原子量は 1 である．

応用 1.2（熱運動の大きさ） 比熱は，温度を 1°C 上げたときの内部エネルギーの変化を表す．つまり内部エネルギー自体の大きさを表すものではないが，内部エネルギー自体が「比熱 × 絶対温度」という式で表されると仮定しよう（絶対温度を荒っぽく説明すれば，原子のすべての動きが止まりエネルギーがゼロになると考えられる温度（絶対零度 = -273.15 °C）から測った温度であり，摂氏温度に 273.15 を足せばよい）．上問で使った鉄の比熱から，常温（20°C）での原子1つ当たりのエネルギーを求めよ．エネルギーは電子ボルト（eV）という単位で表せ．
注 電子ボルトとは原子レベルでのエネルギーの大きさを表すのに適した単位であり，$1\,\mathrm{eV} \fallingdotseq 1.602 \times 10^{-19}$ J．

応用 1.3（ジュールの実験） 式 (1.6) の熱の仕事当量を測定した実験として歴史的に有名なのはジュールが行った実験である（右図）．右側にあるおもりを落下させることによって，羽根車で容器の中の水をかき回し（撹拌），水の温度上昇を測定する．水が羽根車から受ける仕事は，おもりの落下による位置エネルギーの変化に等しい．おもりが 26 kg，1.6 m の落下を 20 回繰り返したところ，温度は 0.32°C 上昇した．水の質量は 6 kg，比熱は 1 cal/g °C であるとしたとき，熱の仕事当量を求めよ．

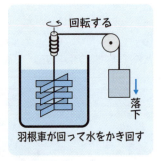
羽根車が回って水をかき回す

答 応用 1.1 (a) 原子レベルでは同じならば，モル単位で考えても同じである．したがって，モル比熱に換算してそれが等しいとし，kg 比熱に戻してもいいが，もっと簡単に計算するには，1 kg 当たりの原子数がアルミニウムのほうが $\frac{56}{27}$ 倍大きいと考え，

$$\text{アルミニウムの kg 比熱} = 448 \text{ J/kg}\,°\text{C} \times \frac{56}{27} \fallingdotseq 929 \text{ J/kg}\,°\text{C}$$

とすればよい．実際の値は 900 J/kg°C であり 3% ほどしか違わない．

(b) 水は H_2O だから，原子量の平均は $\frac{1+1+16}{3} = 6$ である．したがって (a) と同様の計算をすれば

$$448 \text{ J/kg}\,°\text{C} \times \frac{56}{6} \fallingdotseq 4200 \text{ J/kg}\,°\text{C}$$

これは水の比熱とぴったり合っている．ただし化合物や液体の場合にこのようにうまくいくのはかなり偶然である．水といっても氷になると比熱は 2090 J/kg°C，水蒸気だと 1500 J/kg°C（定積比熱 … 第 2 章参照）となり，かなりずれる．ただし数倍程度の違いという意味では，原子単位では同レベルであることに間違いはない（比熱については第 2 章でもさらに詳しく解説する）．

答 応用 1.2 鉄の熱容量を kg から mol に（0.056 kg = 1 mol），そしてさらに原子 1 個当たりに換算し（1 mol = 6.02×10^{23} 個），またエネルギーの単位を eV に換算すれば

$$448 \text{ J/kg}\,°\text{C} = 448 \text{ J/kg}\,°\text{C} \times 0.056 \text{ kg}/1 \text{ mol}$$
$$\times 1 \text{ mol}/6.02 \times 10^{23} \text{ 個} \times 1 \text{ eV}/1.602 \times 10^{-19} \text{ J}$$
$$\fallingdotseq 2.6 \times 10^{-4} \text{ eV/個}\,°\text{C}$$

この割合で $-273.15\,°\text{C}$ から $20\,°\text{C}$ まで温度を上げるとすれば，原子 1 個当たりが得るエネルギーは，2.6×10^{-4} eV/個 °C × 293.15 °C $\fallingdotseq$ 0.76 eV/個．化学反応のとき分子間でやり取りされるエネルギーが数電子ボルトなので，それよりもやや小さい程度である．

答 応用 1.3 水が羽根車から受けた仕事の合計は，重力加速度 g を 9.8 m/s^2 とすれば，

$$26 \text{ kg} \times 9.8 \text{ m/s}^2 \times 1.6 \text{ m} \times 20 = 8.15 \times 10^3 \text{ kg m}^2/\text{s}^2 = 8.15 \times 10^3 \text{ J}$$

また，水の内部エネルギーの上昇は，

$$1 \text{ cal/g}\,°\text{C} \times 0.32\,°\text{C} \times 6 \text{ kg} = 0.32 \text{ cal/g} \times 6000 \text{ g} = 1.92 \times 10^3 \text{ cal}$$

これが等しいとすれば，1 cal $\fallingdotseq$ 4.2 J

応用 1.4 (マイヤーによる熱の仕事当量の計算)　熱の仕事当量は，歴史的にはジュールよりも早く，マイヤーによって，気体の比熱から計算された．基本問題 1.7 によれば，定圧モル比熱 C_P は，膨張による仕事の分だけ定積モル比熱 C_V よりも大きい．19 世紀中ごろの空気に対する実験によれば，

$$\frac{C_P}{C_V} = 1.42, \quad C_P = 7.69 \,\text{cal/mol}\,°\text{C}$$

であった（圧力が $1\,\text{atm} \fallingdotseq 10^5\,\text{Pa}$，温度が $0\,°\text{C}$ のとき）．また，気体は温度が $1\,°\text{C}$ 上がるごとに，$0\,°\text{C}$ での体積の $\frac{1}{273}$ だけ膨張することが知られていた（シャルルの法則）．これらのデータから，1 cal が何 J かを計算せよ．

注1　$0\,°\text{C}$ での 1 mol の体積は 22.4 L．また計算では，$1\,°\text{C}$ 温度が上がったときの内部エネルギーの変化は，定積過程でも定圧過程でも同じ（つまり体積が膨張するか否かにはよらない）と仮定する (詳しくは第 2 章参照)．

注2　基本問題 2.2 で $C_P - C_V = R$ という式（マイヤーの関係）を導く．

応用 1.5 (気体の仕事による温度上昇)　ピストンの付いた容器に 0.5 mol の気体が入っている．気体の圧力は 1 atm であった．容器と外部との間に熱の出入りはないとする（断熱状態）．左から 2 atm の圧力（外圧）を掛けて圧縮し，体積が 0.5 L 減少した時点で止め，外圧を 1 atm に戻した（外圧は，ピストンの棒を押す力と，左からの大気の圧力の合計値である）．今度は内部の圧力のほうが大きくなったので（圧縮された結果，内部の圧力は 1 atm よりも増えている），ピストンは左に動き出した．ピストンが元の位置に戻った時点でピストンを止めた．このとき，内部の気体の温度はどれだけ上昇したか．この気体の定積モル比熱を $C_V = 21\,\text{J/mol}\,°\text{C}$ として計算せよ．また，$1\,\text{atm} = 1 \times 10^5\,\text{Pa}$ として計算してよい（正確には 1013 hPa）．

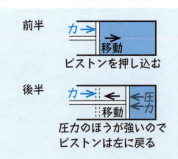

応用 1.6 (比熱と潜熱)　$-10\,°\text{C}$ の氷を $200\,°\text{C}$ の水蒸気まで熱するのは，5 段階のプロセスである．圧力は一定であるとして各段階で必要な熱の比率を求めよ（比熱は氷，水，水蒸気 (定圧) それぞれについて $2100\,\text{J/kg}\,°\text{C}$，$4200\,\text{J/kg}\,°\text{C}$，$35.4\,\text{J/mol}\,°\text{C}$，融解熱は $3.3 \times 10^5\,\text{J/kg}$，気化熱は $2.3 \times 10^6\,\text{J/kg}$ とせよ）．

第 1 章　エネルギー・仕事・熱

答 応用 1.4　圧力を $P\,(=10^5\,\text{Pa})$, 体積を $V\,(=0.0224\,\text{m}^3)$ とすると, 定圧で 1 ℃ 上げたときに 1 mol の空気がする仕事は

$$P\Delta V = \frac{PV}{273} = 8.21\,\text{J}$$

定圧過程では, 内部エネルギーの上昇ばかりでなく, この仕事の分のエネルギーも与えなければならない. 温度が 1 ℃ 上がったときの内部エネルギーがどちらの過程でも同じだとすれば (左ページの㊟), 定圧比熱と定積比熱の差は, この仕事の分に等しい. 1 mol, 温度上昇 1 ℃ のときに定圧過程と定積過程それぞれで必要な熱の差は

$$(C_P - C_V) \times 1\,\text{mol} \times 1\,\text{℃} = C_P\left(1 - \frac{1}{1.42}\right) \times 1\,\text{mol}\,\text{℃} = 2.27\,\text{cal}$$

なので, これが上の値に等しいということから, 1 cal = 3.6 J となる (現在知られている値とは少し違うが, それは実験値が不完全だったためである).

答 応用 1.5　圧縮している段階でこの気体が受ける仕事は (式 (1.5) より)

$$2 \times 10^5\,\text{Pa} \times 0.5 \times 10^{-3}\,\text{m}^3 = 1 \times 10^2\,\text{J}$$

膨張している段階で受ける仕事は, ピストンの力とピストンの動く方向が逆なので負であり

$$-1.0 \times 10^5\,\text{Pa} \times 0.5 \times 10^{-3}\,\text{m}^3 = -5 \times 10\,\text{J}$$

差し引き 50 J のエネルギーを得るので, それを熱容量で割れば温度上昇がわかる.

$$\text{温度上昇} = 50\,\text{J} \div (21\,\text{J/(mol\,℃)} \times 0.5\,\text{mol}) \fallingdotseq 5\,\text{℃}$$

自転車の空気ポンプを使うと, このようなタイプの温度上昇が経験できる.

答 応用 1.6　データは水蒸気の比熱だけ mol 単位で与えられているので, 換算すると (水は 1 mol = 18 g)

$$35.4\,\text{J/mol\,℃} = 35.4/\text{mol\,℃} \times (1\,\text{mol}/0.018\,\text{kg}) \fallingdotseq 2000\,\text{J/kg\,℃}$$

第 1 段階：氷を 0 ℃ にする　　$2.1 \times 10^4\,\text{J/kg}$
第 2 段階：0 ℃ の氷を 0 ℃ の水にする　　$3.3 \times 10^5\,\text{J/kg}$
第 3 段階：0 ℃ の水を 100 ℃ の水にする　　$4.2 \times 10^5\,\text{J/kg}$
第 4 段階：100 ℃ の水を 100 ℃ の水蒸気にする　　$2.3 \times 10^6\,\text{J/kg}$
第 5 段階：100 ℃ の水蒸気を 200 ℃ の水蒸気にする　　$2.0 \times 10^5\,\text{J/kg}$

比率は 1 : 16 : 20 : 110 : 9.5 となる.

第2章 熱機関から熱力学第2法則へ

> **ポイント** 1. 理想気体と熱力学的過程

● 第2章では，熱を仕事あるいは力学的エネルギーに変えるという問題を中心に考える．それには，大きな膨張・収縮が起きる気体で考えるのが最も都合がよい．気体といっても種類によってその振る舞いはさまざまだが，それほど密度が大きくない場合（気体の分子どうしがかなり離れている場合），共通の性質を示すようになる．このような，厳密にいえば仮想上の気体を**理想気体**という．

理想気体の性質は，次の2つの公式によって表される．

$$\text{状態方程式：} \quad PV = mRT \tag{2.1}$$

$$\text{内部エネルギー：} \quad \Delta U(T) = mC_V \Delta T \tag{2.2}$$

以下，各式の記号について説明する．

● **状態方程式** P は圧力．圧力は単位面積当たりに働く力であり，SI 単位系では N/m^2 だが，まとめて Pa（パスカル）と書く．気体の圧力は atm（気圧）という単位でも表されるが，1 atm = 1013 hPa = 1.013×10^5 Pa である（h（ヘクト）は 100 倍という意味）．本書ではしばしば，1 atm ≒ 1.0×10^5 Pa とする．

V は体積で，SI 単位系では m^3．本書ではしばしば L（リットル）という単位を使う．1 L は 1 辺 10 cm = 1 dm の立方体の体積であり，1 L = 1×10^{-3} m^3．

T は絶対温度で，摂氏に 273.15 を足した温度だが（応用問題 1.2 参照），本書ではしばしば 273 を足したものとして計算する．単位は K（ケルビン）．

m は物質量（モル数）であり，単位は mol（モル）（9 ページ参照）．

R は**気体定数**と呼ばれる比例係数である．上記の単位を使えば

$$R = 8.315\cdots \text{ J/K mol}$$

となる．単なる比例係数がこのような面倒な数になってしまうのは，m や T の単位が左辺の量の単位とは無関係に決められているからである．本書ではしばしば 8.3 J/mol K として計算する．

● **内部エネルギー** 理想気体 1 mol 当たりの内部エネルギー U は温度のみで決まり，温度が決まっていれば体積あるいは圧力には依存しない（気体の種類には依存する）．これは現実の気体では厳密には成り立たないが，気体が希薄ならばほぼ正しい．気体では分子は互いにバラバラに動いており，その運動エネルギーに比べて分子間の力は

第 2 章 熱機関から熱力学第 2 法則へ

無視できることの結果である．

温度変化 ΔT に対する U の変化 ΔU は，**定積モル比熱** C_V で決まる．C_V（R と同じ次元をもつ）は常温ではほぼ定数であり，$C_V = \alpha R$ と書くと

$$
\begin{array}{ll}
\text{単原子分子（He, Ar など）} & \alpha \simeq \frac{3}{2} \\
\text{2 原子分子（}H_2, O_2 \text{ など）} & \alpha \simeq \frac{5}{2} \\
\text{多原子分子（}H_2O, CH_4 \text{ など）} & \alpha \simeq 3
\end{array} \quad (2.3)
$$

これらは各分子の運動の自由度の数に比例しており，単原子分子は 3 方向の並進運動で $\frac{1}{2}$ の 3 倍，2 原子分子ではそれに 2 つの回転運動，3 原子分子では 3 つの回転運動が加わるからだと解釈される（第 4 章参照）．C_V が定数である範囲では，式 (2.2) は

$$U(T) = mC_V T + \text{定数}$$

とも書ける．

● 式 (2.1) や (2.2) では，気体は一様で**平衡状態**であると仮定されている．気体内部で渦などの乱れがあれば全体としての圧力や温度は定義できない．平衡状態とはそのような乱れがない状態である．そして平衡状態ならば，（物質量 m が決まっていれば）状態は 2 つの量で決まる．本章の目的では **PV 図**が役に立ち，各平衡状態はこの図の中の 1 点で表される．温度は式 (2.1) から計算できる．

● **熱力学的諸過程** 熱を外部とやり取りしたり，外部からの圧力を調整して膨張収縮させたりする（つまり仕事のやり取りをする）ことによって，気体を，ある平衡状態から別の平衡状態に変化させることを考える．もし変化の途中も気体が常に平衡状態であるとすれば，その変化は PV 図に線として描ける．このような変化を**準静的**であるという．右図に例をいくつか示す．

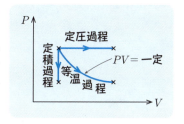

● 準静的な変化では外部からの圧力は常に気体の圧力とバランスさせるので，体積が ΔV だけ変化したときの（外部からなされた）仕事 W は

$$W = -P\Delta V \quad (2.4)$$

状態が変化したときの仕事の合計は PV 図のグラフの面積で表される．

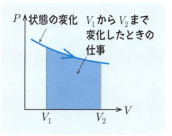

理解度のチェック 1. 理想気体と熱力学的過程

※類題の解答は巻末

理解 2.1（諸過程と操作）　容器に気体が入っている．ピストンの位置，およびピストンに掛かる力を測定することにより，各時点での気体の体積と圧力がわかるようになっている．ある3種類の操作をした結果，それぞれの操作において，気体の状態が下図のようにAからBに変わったとする．どのような操作をしたのか説明せよ．もし変化がBからAだったら，それはどのような操作の結果なのか．ただし容器の壁は，熱をよく伝えるものだとする．

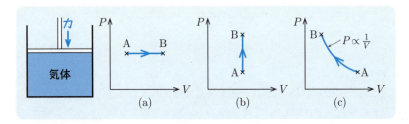

理解 2.2（仕事と熱の出入り）　(a) 上問の図 (a) を考える．容器に入った理想気体の状態がAからBに，描かれている実線に沿って変化した．温度の変化 ΔT，気体が受けた仕事 W，受けた熱 Q，そして内部エネルギーの変化 ΔU はそれぞれ，正か負か．式 (2.1) と (2.2)，および熱力学第1法則を使って答えよ．

注　ここでは W も Q も，気体が受けた場合を正とする．気体が外部に仕事をした，あるいは熱を放出した場合には W や Q は負である．したがって熱力学第1法則より，次の関係が成り立つ．

$$\Delta U = W + Q$$

(b)　上問の図 (b) について，同じ質問に答えよ．
(c)　上問の図 (c) について，同じ質問に答えよ．

類題 2.1　右の図 (a) および (b) に描かれている気体の変化において，上問と同じ質問に答えよ．ただし (b) では $P_A V_A = P_B V_B$ だとする．

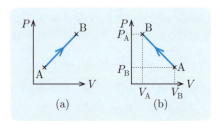

第 2 章 熱機関から熱力学第 2 法則へ

答 理解 2.1 (a) 圧力は一定のまま、体積が増えている。<u>定圧過程</u>である。そのためには気体の温度を上げなければならない（P が一定ならば体積 V と絶対温度 T は比例する）。つまりピストンに掛ける力は一定のまま、温めればよい。逆に B から A に変化させるには冷やせばよい。

(b) 体積が一定のまま圧力が増えている。<u>定積過程</u>である。そのためには気体の温度を上げなければならない（V が一定ならば P と T は比例する）。つまり、ピストンが動かないように固定し、容器を温めればよい。逆に B から A に変化させるには冷やせばよい。

(c) V の減少に反比例して P が増えている。つまり積 PV が一定なので、温度 T が一定ということになる。<u>等温過程</u>である。体積を減らすにはピストンに掛ける力を増やせばよいが、そのままでは仕事をされた分だけ内部エネルギーが増えるので温度が上昇してしまう。したがって余分な内部エネルギーを容器の壁から逃がし、気体の温度を一定に保たなければならない。そのためには、容器全体をたとえば水の中につけ、気体を水と等しい温度に保つ。熱を通しやすい材質のもので容器を作り、ゆっくりと圧縮して、熱が逃げるのに十分な時間をとらなければならない。B から A に変化させるには、ピストンの力を弱めて膨張させ、温度が下がらないように周囲から熱を吸収させる。

答 理解 2.2 いずれの問題も、$W \to \Delta T \to \Delta U \to Q$ という順番に考えるとよい。

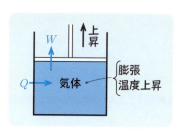

(a) 気体は膨張しているのだから、実質的には気体が外部に対して仕事をしており、気体が受けた仕事 W は負になる。また、膨張して V が増えているのに圧力 P は変わっていないので、状態方程式より T は増えている。したがって ΔT も ΔU も正である。したがって $Q = \Delta U - W$ も正である。

(b) 気体は膨張も収縮もしていない（$\Delta V = 0$）のだから仕事 W はゼロ。圧力 P は増えているので、状態方程式より ΔT は正になる。したがって式 (2.2) より $\Delta U > 0$。$W = 0$ だから $Q = \Delta U > 0$。

(c) 収縮しているので気体が外部から仕事を受けている。つまり $W > 0$。また温度一定なので $\Delta T = \Delta U = 0$。したがって $Q = -W < 0$。

第 2 章 熱機関から熱力学第 2 法則へ

理解 2.3（断熱変化） 容器の壁が熱を通さないとする（断熱）．
(a) 外からの圧力を増して気体を圧縮したとき温度はどうなるか．断熱ではない場合（温度が外部と同じに保たれる場合）と比べて，収縮の程度はどう変わるか．
(b) 外からの圧力を弱めて膨張させたときはどうなるか．

理解 2.4（比熱の影響） 理解度のチェック 2.1 と同様のふたの付いた容器を 2 つ用意し，それぞれに，種類は異なるが，同量の（分子数/モル数が同じ）気体 A と B を入れる．比熱は A のほうが大きいとする．上からの圧力を増やしたとき，気体が収縮する程度はどちらが大きいか．(a) 容器の壁が熱を通し，気体の温度が一定に保たれている場合と，(b) 容器の壁が熱を通さない（断熱的である）場合，それぞれについて，説明を付けて答えよ．

理解 2.5（仕事） 下図の 3 つの図は気体の変化を表している．矢印が変化の方向である．気体が外部から仕事を受けているときに $W > 0$ とする．W が正であるのはどれか，負であるのはどれか．また，W が最も大きいのはどれか．

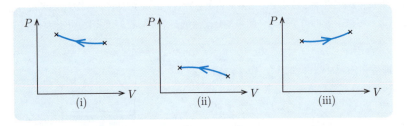

類題 2.2（準静的変化と非準静的変化） ふたの付いた同じ密閉容器を 2 つ用意し，同種かつ同量の気体を入れる．ふたは自由に上下動でき，上からの圧力と，内部からの気体の圧力がつり合った状態で止まるようになっている．ふたの隙間から気体が外部にのがれることはない．上からの圧力を増やしながら気体を半分に圧縮する．急速に半分にしたときと，ゆっくりと半分にしたときで，気体の収縮の様子および温度はどのように異なるか．定性的に（傾向を）説明せよ．ただし容器の壁が断熱の場合とそうでない場合とで考えよ．

理解 2.6（気体定数） (a) 気体定数 R の単位を，状態方程式から求めよ．それがモル比熱と同じであることを確かめよ．
(b) 理想気体では，1 mol，1 atm，0 ℃ のときの体積が 22.4 L となる．R の値を求めよ．

答 理解 2.3 (a) 圧縮すれば気体は仕事をされるが ($W > 0$), 断熱ならば熱は逃げないので ($Q = 0$), 内部エネルギーは増える ($\Delta U > 0$). したがって温度も上がる ($\Delta T > 0$). 温度が上がれば圧力は増えるので, 収縮の程度は減る.
(b) $W < 0$ なので $\Delta U < 0$. したがって温度は下がり, 膨張の程度は減る.

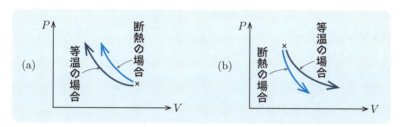

答 理解 2.4 (a) 温度が一定ならば状態方程式より圧力と体積は反比例する. この関係は気体の比熱にはよらないので, 収縮の程度は A と B で変わらない.
(b) 圧縮しても熱が逃げなければ温度が上がる. したがって気体の圧力が大きくなり, 収縮しにくくなる. 比熱が小さいほど温度は大きく上がるので, 気体 B のほうが収縮する程度は減る.

答 理解 2.5 外部から受けているときに仕事 W を正とするならば, 収縮している図 (i) と (ii) がそれに相当する. (iii) は膨張しているのだから仕事は外部に対してなされており $W < 0$. また, W が大きいのは $W > 0$ である (i) か (ii) だが, そのうちグラフの下の面積が大きい (i) で, より W が大きい.

答 理解 2.6 (a) 気体の仕事は $-P\Delta V$ と表された. つまり積 PV の次元は仕事の次元であり, SI 単位系ではジュール J ($= \mathrm{kg\, m^2/s^2}$) となる. したがって, $R = \frac{PV}{mT}$ の単位は, J/°C mol となり, モル比熱の単位と同じになる.
(b) $P = 1013\,\mathrm{hPa} = 1.013 \times 10^5\,\mathrm{Pa}$, $V = 2.24 \times 10^{-2}\,\mathrm{m^3}$, $m = 1\,\mathrm{mol}$, $T = 273\,\mathrm{K}$ (絶対温度) を代入すれば,

$$R = PV \div mT \fallingdotseq 8.3\,\mathrm{J/K\,mol}$$

基本問題　1. 理想気体と熱力学的過程 ※類題の解答は巻末

基本 2.1 （分子間の距離と衝突時間）　常温，1 atm で 1 mol の気体の体積は約 22 L である．分子間の平均距離はどの程度か．ただし 1 mol の分子数（アボガドロ数）を $N_A = 6.0 \times 10^{23}$ とせよ．

類題 2.3 （分子の速度）　(a)　内部エネルギーのうち，分子の運動エネルギーを $mC_V T$，ただし $C_V = \frac{3}{2} R$ であるとすると，常温（300 K とする）で分子 1 つ当たりの運動エネルギーはどうなるか．
(b)　酸素分子の質量を $M = 5.3 \times 10^{-26}$ kg として，分子の平均速度を求めよ．水素分子だったらどう変わるか．

基本 2.2 （定積比熱と定圧比熱の関係）　1 mol の気体の温度を 1 ℃ 上げるのに必要な熱が，その気体のモル比熱だが，そのときに体積を変化させると必要な熱容量は変わる．特に，体積を変えない場合が**定積モル比熱** C_V，圧力を変えない（体積は増える）場合が**定圧モル比熱** C_P である．
(a)　温度が ΔT 変わったときの気体 m mol の内部エネルギーの変化は，$\Delta U = mC_V \Delta T$ と書ける理由を，C_V の定義から説明せよ．
(b)　理想気体では $C_P - C_V = R$ という関係があることを証明せよ．ただし理想気体の内部エネルギーは温度のみで決まり，体積には依存しないことを使う．
注　これを**マイヤーの関係**という．応用問題 1.4 も参照．

基本 2.3 （定圧過程）　(a)　容器に入った気体が，下図（PV 図）のA の状態からB の状態に，描かれている実線に沿って変化した．温度の変化 ΔT，気体が受けた仕事 W，受けた熱 Q，そして内部エネルギーの変化 ΔU を，図に与えられた記号を使って記せ．ただしこの気体の定積モル比熱を C_V，モル数を m とせよ．
(b)　もし破線のように変化したとしたら，W や Q は実線の場合と比べて増えるか減るか（たとえば容器のふたに外から掛ける圧力を調整しながらゆっくりと熱を与えると，実線あるいは破線のような変化を実現することができる）．

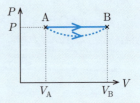

第 2 章　熱機関から熱力学第 2 法則へ

答 基本 2.1　分子 1 つ当たりの体積は
$$22\,\text{L} \div (6.0 \times 10^{23}) \fallingdotseq 37 \times 10^{-27}\,\text{m}^3$$
この体積をもつ立方体の 1 辺は約 3.3×10^{-9} m になる．分子の大きさは 10^{-10} m 程度なので，分子間の距離はその 30 倍程度ということになる．

答 基本 2.2　(a)　この気体が定積で温度が ΔT 変わるのに，熱 Q_V を受けたとしよう．定積ならば仕事はゼロなので Q_V と ΔU は等しい．また C_V とは，1 モルの気体が定積で 1 ℃ 変化するときに必要な熱だから，$C_V = \dfrac{Q_V}{m\Delta T}$ である．以上より，$\Delta U = Q_V = mC_V \Delta T$．

(b)　定圧で温度が ΔT 変わるのに必要な熱を Q_P とする．
$$Q_P = mC_P \Delta T = \Delta U - \text{気体が受けた仕事}$$
定積過程と定圧過程では最終的な気体の体積は異なるが，理想気体ならば U は等しい．したがって
$$Q_P - Q_V = m(C_P - C_V)\Delta T = -\text{気体が受けた仕事}$$
となるが，状態方程式も使うと
$$-\text{気体が受けた仕事} = P\Delta V = \Delta(PV) = mR\Delta T$$
（P が一定ならば，PV の変化 $\Delta(PV)$ は $P\Delta V$ に等しい）．したがって
$$C_P - C_V = R$$

答 基本 2.3　(a)　実線に沿っては圧力は一定である．したがって
$$W = -P\Delta V = -P(V_2 - V_1)$$
また $T = \dfrac{PV}{mR}$ だから，
$$\Delta T = \frac{P}{mR}(V_2 - V_1) \quad\rightarrow\quad \Delta U = mC_V \Delta T = \frac{C_V}{R}P(V_2 - V_1)$$
後は熱力学第 1 法則より
$$Q = \Delta U - W = \left(\frac{C_V}{R} + 1\right)P(V_2 - V_1)$$

別解　定圧モル比熱 C_P を使えばその定義より $Q = mC_P\Delta T$ なので，$C_P = C_V + R$ であることを使えば上と同じ結果が出る．上式は $C_P = C_V + R$ の証明でもある．

(b)　T や U は各状態（始状態と終状態）で決まった量なので，その差も変化の経路には依存しない．しかし途中の P は減るので，$-P\Delta V$ の積分は増える．したがって W は増え（絶対値は減る），Q は減る．

基本 2.4 （定積過程） 右図の実線のような変化の場合に ΔT, W, Q, ΔU を求めよ．ただしこの気体の定積モル比熱を C_V，モル数を m とせよ．

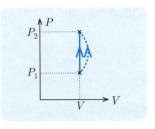

類題 2.4 上問の図の破線のような変化だったら，上問の結果はどのように変わるか．それぞれの量が増えるか減るか，変わらないか答えよ．

基本 2.5 （等温過程） 右図のように，圧力が体積に反比例して変化したとする．ΔT, W, Q, ΔU を求めよ．ただしこの気体の定積モル比熱を C_V，モル数を m とせよ．

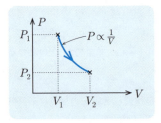

基本 2.6 （数値例） ある気体の状態が，下図のように，A → B → C というように変化した．A → B は定圧過程，B → C は定積過程である．各状態での量を，添え字 A, B, C を付けて表すと，A では $P_A = 1.5 \times 10^5$ Pa, $V_A = 2.0$ L, $T_A = 300$ K であり，また $V_B = V_C = 3.0$ L, $P_C = 0.5 \times 10^5$ Pa, また過程 A → B で気体が受けた熱は 520 J であった．次の値を求めよ．(a) T_B, (b) モル数 m, (c) 定圧モル比熱 C_P, (d) T_C, (e) 過程 B → C で気体が受けた熱（定積モル比熱から求めよ）．(f) この気体は 1 原子分子か 2 原子分子か．

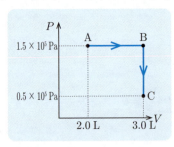

類題 2.5 上問で内部エネルギーの変化と仕事を求め，過程全体として熱力学第 1 法則が成り立っていることを確かめよ．

第 2 章 熱機関から熱力学第 2 法則へ

答 基本 2.4 体積は変化していないので $W = 0$. したがって $Q = \Delta U$. また
$$\Delta T = \frac{V}{mR}(P_2 - P_1) \quad \rightarrow \quad \Delta U = \frac{C_V}{R} V(P_2 - P_1) \quad (> 0)$$
体積一定のまま圧力が増えているのだから気体は熱くなっている.

答 基本 2.5 積 PV が一定だということから,温度は一定,すなわち $\Delta T = 0$. したがって $\Delta U = 0$. 温度 T は $P_1 V_1 = P_2 V_2 = mRT$ と表されるので,この過程の途中での,体積が V のときの圧力は

$$P = \frac{P_1 V_1}{V} = \frac{mRT}{V}$$
$$\rightarrow \quad W = -mRT \int_{V_1}^{V_2} \frac{1}{V} dV$$
$$= -mRT (\log V_2 - \log V_1)$$

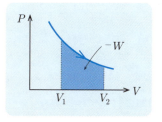

$Q + W = \Delta U = 0$ より,Q は上式の逆符号 ($V_2 > V_1$ のときは膨張だから,なされた仕事は負).

答 基本 2.6 (a) 状態方程式より,定圧ならば体積と絶対温度は比例していることがわかる. したがって
$$T_B = T_A \times \left(\frac{V_B}{V_A}\right) = 450 \text{ K}$$

(b) A 点でのデータより,
$m = \frac{PV}{RT} = (1.5 \times 10^5 \text{ Pa} \times 2.0 \times 10^{-3} \text{ m}^3) \div (8.3 \text{ J/mol K} \times 300 \text{ K}) = 0.12 \text{ mol}$

(c) AB 間の温度差は $\Delta T = 150$ K なので
$$C_P = \frac{Q}{m \Delta T} = 520 \text{ J} \div (0.12 \text{ mol} \times 150 \text{ K}) \fallingdotseq 29 \text{ J/K mol}$$

(d) B $\rightarrow$ C では V は一定なので
$$T_C = T_B \times \frac{P_C}{P_B} = 450 \text{ K} \times \frac{0.5}{1.5} = 150 \text{ K}$$

(e) $C_V = C_P - R = 20.6$ J/K mol として
$$Q = m C_V \Delta T = 0.12 \text{ mol} \times 20.6 \text{ J/K mol} \times (-300 \text{ K}) \fallingdotseq -740 \text{ J}$$
つまり B $\rightarrow$ C では熱を放出して圧力が減少している.

(f) $C_V \fallingdotseq \frac{5}{2} R$ なので,2 原子分子 (O_2 など) である.

基本 2.7 （断熱過程）　温度が一定ならば，気体は膨張すると，圧力は体積に反比例して減り（$P \propto \frac{T}{V}$）．しかし温度を一定に維持するためには，外部からエネルギーを熱として吸収しなければならない．容器の壁が熱を通さない（断熱）だとすると，温度低下のため圧力はさらに下がり

$$P \propto V^{-\gamma} \quad \text{ただし} \quad \gamma = \frac{C_P}{C_V} = \frac{C_V+R}{C_V} \quad (>1)$$

となる．これを証明しよう（γ を C_P と C_V の比という意味で**比熱比**という）．

(a)　状態方程式から出発して，体積を変えたときの圧力の変化率 $\frac{dP}{dV}$ を，P，V および温度の変化率 $\frac{dT}{dV}$ を使って表せ．

(b)　断熱で圧縮したときの温度の変化率 $\frac{dT}{dV}$ を，ΔU の式から求めよ．

(c)　以上の2式から $\frac{dP}{dV}$ を P と V を使って表し，上式がその式の解になっていることを，代入して確かめよ．

類題 2.6 （断熱過程）　上問の関係式の別証明を，次の手順でしてみよう．

(a)　微小な変化に対して $\Delta(PV) = P\Delta V + V\Delta P$ という関係を証明せよ．

(b)　問 (a) と状態方程式を使って，ΔV，ΔP および ΔT の関係を導け．

(c)　準静的な断熱過程での関係 $\Delta U = -P\Delta V$ を使って，問 (b) の結果から ΔT を消去せよ．

(d)　微分 $\frac{dP}{dV}$ を，P と V を使って表せ（上問 (c) と同じ答えになる）．

基本 2.8 （断熱過程）　基本問題 2.7 の結果は

$$PV^\gamma = \text{一定} \quad \text{（断熱過程）}$$

という形に表される．これを変形して

$$TV^{1/\alpha} = \text{一定}, \quad T^{\alpha+1}P^{-1} = \text{一定}$$

であることを示せ．ただし α はポイント1で登場した α であり

$$\alpha = \frac{C_V}{R} = \frac{1}{\gamma - 1}$$

基本 2.9 （断熱過程での仕事）　断熱過程で気体が受ける仕事 W は，次のいずれの方法でも計算できる．一致することを確かめよ．

(a)　温度 T_1，体積 V_1 の気体を断熱的に体積 V_2 に変化させたときの ΔU を上問の式を使って求め，それから W を求める．

(b)　$-P\Delta V$ を積分することによって求める．

第 2 章　熱機関から熱力学第 2 法則へ　　　　　　　　　　**35**

答 基本 2.7　(a) $P = \frac{mRT}{V}$ という式を, P も T も V の関数であるとして V で微分すると
$$\frac{dP}{dV} = -\frac{mRT}{V^2} + \frac{mR}{V}\frac{dT}{dV} = -\frac{P}{V} + \frac{mR}{V}\frac{dT}{dV}$$
(右辺第 2 項が, 等温過程 $\frac{dT}{dV} = 0$ との差である.)
(b)　熱の出入りはないとするので,
$$\Delta U = C_V m \Delta T = -P \Delta V \quad \to \quad \frac{dT}{dV} = -\frac{1}{C_V m} P$$
(c)　(b) の式を (a) に代入すれば
$$\frac{dP}{dV} = -\frac{P}{V} - \frac{R}{C_V}\frac{P}{V} = -\frac{C_V + R}{C_V}\frac{P}{V} = -\gamma \frac{P}{V}$$
$P = AV^{-\gamma}$ (A は任意の定数) が上式の解になっていることを示そう.
$$\frac{dP}{dV} = A(-\gamma)V^{-\gamma-1} = -\gamma \frac{AV^{-\gamma}}{V} = -\gamma \frac{P}{V}$$

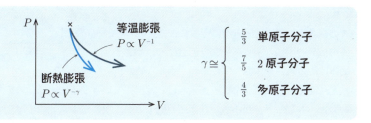

答 基本 2.8　P と V の関係式に $P = \frac{mRT}{V}$ を代入すれば
$$PV^\gamma \propto TV^{\gamma-1}$$
ここで
$$\gamma - 1 = \frac{C_P}{C_V} - 1 = \frac{C_V + R}{C_V} - 1 = \frac{R}{C_V} = \frac{1}{\alpha}$$
なので, 第 1 式が得られる. これは全体を α 乗すれば $T^\alpha V = $ 一定 とも書けるので, 状態方程式を使って V を消去すれば T と P の関係が得られる.

答 基本 2.9　(a)　上問より $TV^{1/\alpha} = $ 一定. したがって, 最終的な温度を T_2 とすれば, $T_2 V_2^{1/\alpha} = T_1 V_1^{1/\alpha}$. これより
$$W = \Delta U = mC_V(T_2 - T_1) = mC_V T_1 \left(\left(\frac{V_1}{V_2}\right)^{1/\alpha} - 1\right)$$
(b)　一般の V において, $PV^\gamma = P_1 V_1^\gamma = mRT_1 V_1^{\gamma-1}$ なのだから
$$W = -\int P\, dV = -mRT_1 V_1^{\gamma-1} \int V^{-\gamma}\, dV = \frac{mRT_1 V_1^{\gamma-1}}{\gamma - 1}(V_2^{1-\gamma} - V_1^{1-\gamma}) = 上式$$

応用問題　理想気体と熱力学的過程　※類題の解答は巻末

応用 2.1　（断熱過程）　2原子分子理想気体について以下の問題に答えよ．
(a)　20 °C，1 atm の状態が断熱膨張によって 0.7 atm になった．温度は何度になったか．
(b)　20 °C の状態を断熱膨張によって 0 °C にまで冷やすには，体積を何倍にすればよいか．-50 °C，-100 °C の場合はどうか．

類題 2.7　（断熱過程）　20 °C，1 atm の2原子分子理想気体を断熱収縮によって 10 atm にした．温度は何度になるか．体積を 10 分の 1 にしたらどうなるか．

応用 2.2　（膨張と熱の出入り）　1 atm, 1 L, 20 °C の2原子分子理想気体を，右図のように，x atm, 2 L に変化させた．ただし変化は PV 図で直線で表せるものとする．

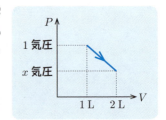

(a)　この気体がなされた仕事 W を求めよ．
(b)　この気体の内部エネルギーの変化 ΔU を求めよ．
(c)　気体はこの過程全体で受けた熱 Q は，正か負か．

注　答えは x の値に依存する．x が大きければ膨張という要素が大きいので熱しなければならない（吸熱）．x が小さければ圧力低下という要素が大きいので冷やさなければならない（排熱）．

応用 2.3　（膨張と熱の出入り）　気体が膨張するときの圧力の減少が，n をある正の定数として $P = AV^{-n}$ という式で表される過程があったとする（A は比例定数）．減少の程度が大きければ（n が大きい），この気体はこの過程で熱を排出している（排熱）．あまり減少しなければ（n が小さい），膨張なのだから気体は熱を吸収している（吸熱）．一般の n で排熱か吸熱かを計算せよ．

注　気体が受ける熱は $Q = \Delta U - W$ で計算される．膨張ならば常に W（受ける仕事）< 0 である．これまで調べた例では，定圧 $n = 0$ では吸熱（$\Delta U > 0 > W$ … 基本問題 2.3），等温 $n = 1$ でも吸熱（$0 = \Delta U > W$ … 基本問題 2.5），そして断熱（$n = \gamma$）ならば，断熱という言葉の定義によって $Q = 0$ であった．

第 2 章　熱機関から熱力学第 2 法則へ　　　　37

答 応用 2.1　(a) 断熱過程での温度（絶対温度）と気圧の関係は，基本問題 2.8 より，$P \propto T^{\alpha+1}$ である（2 原子分子ならば $\alpha = \frac{5}{2}$）．したがって 0.7 atm での温度を T とすれば，

$$\frac{0.7\,\text{atm}}{1\,\text{atm}} = \left(\frac{T}{293\,\text{K}}\right)^{7/2} \quad \to \quad T = 293\,\text{K} \times 0.7^{2/7} = 265\,\text{K} = -8\,°\text{C}$$

高山での温度の 1 つの目安になるだろう．
(b) 温度と体積の関係は $T \propto V^{-1/\alpha}$ なので，温度が T のときに体積が x 倍になったとすれば，

$$\frac{T}{293\,\text{K}} = x^{-2/5} \quad \to \quad x = \left(\frac{T}{293\,\text{K}}\right)^{-5/2}$$

$T = 273\,\text{K}$，$223\,\text{K}$，$173\,\text{K}$ を代入すれば，それぞれ，$x = 1.19$，1.98，3.73．

答 応用 2.2　(a) グラフの下の面積を求める．

$$\text{面積} = \tfrac{1}{2} \times (1+x) \times 10^5\,\text{Pa} \times 1 \times 10^{-3}\,\text{m}^3 = \tfrac{1+x}{2} \times 10^2\,\text{J}$$

膨張しているのだから仕事は外向き．つまり $W = -50(1+x)$ J．
(b) まずモル数 m を計算する．

$$m = \frac{VP}{RT} = (1 \times 10^{-3}\,\text{m}^3) \times (1 \times 10^5\,\text{Pa}) \div 8.3\,\text{J/mol} \div 293\,\text{K} = 0.041\,\text{mol}$$

終状態の温度は $2x$ 倍になっているので，比熱を $\tfrac{5R}{2}$ とすれば

$$\Delta U = \tfrac{5R}{2} \times m \times 293\,\text{K} \times (2x-1) = 249(2x-1)\,\text{J}$$

(c) $Q = \Delta U - W = (636x - 199)$ J．したがって $x > \tfrac{199}{636} = 0.31$ ならば吸熱．それ以下ならば排熱である．

答 応用 2.3　まず仕事を計算すると

$$W = -\int AV^{-n} = -\tfrac{A}{1-n}(V_2^{1-n} - V_1^{1-n})$$

内部エネルギーの変化は温度の変化から計算され，温度の変化は状態方程式（$T = \tfrac{PV}{mR}$）から計算される．すなわち

$$\Delta U = mC_V \Delta T = \tfrac{C_V}{R}(P_2 V_2 - P_1 V_1) = A\tfrac{C_V}{R}(V_2^{1-n} - V_1^{1-n})$$

これより（$C_V + R = \gamma C_V$ も使うと）

$$Q = \Delta U - W = A\tfrac{C_V}{R}\tfrac{\gamma - n}{1-n}(V_2^{1-n} - V_1^{1-n})$$

符号は 3 つの因子の積で決まる．$n > \gamma$（> 1）のときは 3 因子とも負になり負（排熱），$n < \gamma$ のときは正（吸熱）になる（$V_2 > V_1$ にも注意）．$n = \gamma$ は断熱（$Q = 0$）なので，そこで Q の符号が入れ替わるのは当然だろう．

応用 2.4 （ジュール–トムソン過程） 下図で，内部の壁には目には見えない小さな孔が無数に開いており（細孔壁），気体の分子が通過できるとする．最初は気体はすべて左側にあり，圧力は P_1，体積は V_1 であった．左から P_1 の圧力でゆっくりと押し込み，最終的には気体はすべて壁の右側に移ったとする．右側の圧力は右側のピストンによって一定値 P_2（$< P_1$）にされている．熱の出入りはないとする．この気体は理想気体であるとして，以下の質問に答えよ．

(a) エンタルピー H という量を

$$\text{エンタルピー：} \quad H = U + PV$$

と定義すると，上記の過程で H は変わらないことを示せ．

(b) エンタルピーを温度で表す式を導き，この過程で温度は変化しないことを示せ．

(c) すべての分子が右側に移動したときの体積 V_2 を求めよ．

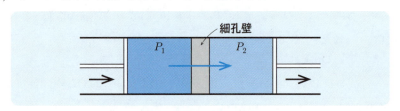

応用 2.5 （流れの効果） (a) 途中で断面積が変わる筒の中に，理想気体の定常的な，乱れのない流れがあるとする．左での流速を v_1，右での流速を v_2 としたとき，気体の運動エネルギーを考えた熱力学第1法則（エネルギー保存則）を書け．熱の出入りはないとする．適宜，必要な記号を導入してよい．

(b) $v_2 > v_1$ とした場合，筒の左右で，温度と圧力はどちらが大きいか．

ヒント 気体の ⟵⟶ で示された部分が，ある微小時間 Δt に右へ移動したときのエネルギーの収支を考える．(b) では断熱過程での式（基本問題 2.8）を使う．

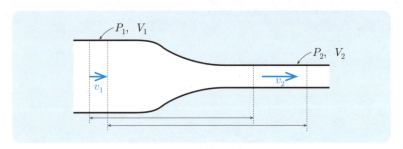

第 2 章　熱機関から熱力学第 2 法則へ　　**39**

答 応用 2.4　(a) 気体は左側から P_1V_1 の仕事を受け，右側に P_2V_2 の仕事をする．したがって，内部エネルギーの変化は

$$U_2 - U_1 = P_1V_1 - P_2V_2 \quad \to \quad U_2 + P_2V_2 = U_1 + P_1V_1$$

これはエンタルピーが一定であることを意味する．
(b) この気体の定積モル比熱を C_V，モル数を m とすれば

$$H = U + PV = (mC_VT + 定数) + mRT = m(C_V + R)T + 定数 = mC_PT + 定数$$

この量が移動の前後で変わらないのならば T も変わらない．
(c) T が変わらないのならば $P_1V_1 = P_2V_2$ であり，$V_2 = \frac{P_1V_1}{P_2}$．

注　理想気体では確かに温度は変わらないが，現実の気体でこの実験をすると，低温ではさらに温度が下がり，高温では温度が上がる（ジュール-トムソン効果 … 127 ページ参照）．これは重要な冷却機構として利用されている．

答 応用 2.5　(a) 時間 Δt での，図に指定されている部分の全エネルギーの変化は，図の右側に出た部分と左側に出た部分のエネルギー差に他ならないが，内部エネルギーと，気体全体としての運動エネルギー（巨視的な力学的エネルギー）の両方を考えなければならない．すなわち，

全エネルギーの変化 = 左右での内部エネルギーの差 + 左右での運動エネルギーの差

$$= (U_2 - U_1) + \tfrac{1}{2}M(v_2^2 - v_1^2)$$

これが，左右でなされた外部からの仕事の差，$P_1V_1 - P_2V_2$ に等しい，というのがエネルギー保存則である．書き換えれば

$$U + PV + \tfrac{1}{2}Mv^2 = H + \tfrac{1}{2}Mv^2 = 一定（左右で変わらない）$$

となる．H は前問のエンタルピーである．
(b) v が増えれば H は減る．そして前問でも説明したように H が減れば温度は下がる．内部エネルギーが力学的エネルギーに転換している．また，この流れに沿って気体を見ればこれは断熱過程なので，温度が下がっているとすれば，体積は膨張し圧力は下がっている．筒の断面積が減っているので気体は収縮していると思いがちだが，速度が増えていることの効果で体積は増える．ただし，v_1 が大きいときは $v_2 < v_1$ となり，状況はすべて反対になるが，その話は省略する．

注　上問のジュール-トムソン過程では，圧力の変化が不連続なので準静断熱過程での公式は使えない．

> **ポイント** **2. 熱機関と熱力学第 2 法則**

● 物質は内部エネルギーをもっているが,その利用には大きな制約がある.
クラウジウスの原理:<u>低温物体から高温物体に,他に何もせずに熱を伝えることはできない</u>(冷たい物体に触っても温まることはできない).
トムソンの原理(ケルビンの原理ともいうが同一人物):<u>他に何も影響を残さずに,熱をすべて仕事に転換することはできない</u>(内部エネルギーをそっくり電力にすることはできない).
これらの,そして後から出てくる関連した原理を総称して**熱力学の第 2 法則**といい,互いに同等である(49 ページ参照).これらは第 1 法則からは説明できない.この項では第 2 法則に関係するさまざまな現象を扱う(第 2 法則の根本理由については次章で説明する).

● **不可逆性** 高温物体から低温物体に熱は伝わる.仕事をして発電をし,それをすべて電気抵抗で熱に転換することはできる.つまり上記の原理で禁じられた過程の逆は起こる.一般に,第 2 法則とは現象の**不可逆性**(逆過程が不可能であること)に関係している.典型的な不可逆過程には他にも,摩擦や抵抗による発熱,水中や空気中への微粒子の拡散などがある.摩擦や空気抵抗をまったく受けずに物体を動かすことは不可能なので,厳密には自然界にすべての現象は不可逆であり,何らかの意味で第 2 法則の制約を受けている.

● **熱機関** 熱の一部を仕事に変えることは不可能ではない.自動車のエンジンは,内部の気体を熱によって膨張させて動力を取り出す.このように熱によって物質(通常は気体)を変化させて仕事を生み出す装置を,一般に**熱機関**という.一般的な熱機関の模式図は下のように描ける.すなわち,高温物質(温度 T_H)から熱 Q_H を受け,その一部を仕事 W に変換し,残り Q_L($= Q_H - W$)を低温物質(温度 T_L)に排出する.作業物質(気体など)は,ある決まった膨張,収縮の一連の過程を周期的に繰り返す.

受けた熱 Q_H のうちの仕事 W に回した割合を**熱効率** η(エータ)という.

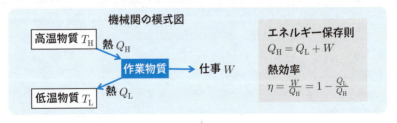

第 2 章　熱機関から熱力学第 2 法則へ　　41

● **熱機関の理論上の単純化**　現実の熱機関で起きている気体（作業物質）の状態の変化は非常に複雑である．そこで単純化（モデル化）として，各時刻で気体の圧力や温度は一様である（平衡状態になっている）と仮定し，仕事や熱を計算することが行われる．各段階で圧力が決まっていれば，気体の状態の変化は PV 図に閉曲線として描くことができる．

右の図では，A → B の過程では気体は膨張しているので，外部に対して仕事 W_1 (>0) をする．また B → A の過程では気体は収縮しているので，外部から仕事 W_2 (>0) を受ける．そして $W = W_1 - W_2$ が，この熱機関の 1 サイクルにおける正味の仕事となる．それはこの閉曲線で囲まれている部分の面積に等しい．

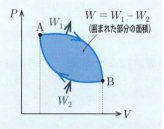

● ガソリンエンジンのモデル化が**オットーサイクル**（応用問題 2.8），蒸気タービンのモデル化が**ブレイトンサイクル**と呼ばれるものである（応用問題 2.9）．また，理論上重要なものとして，すべて可逆な過程の組合せとして作られる**カルノーサイクル**（基本問題 2.12）がある．カルノーサイクルの熱効率 η_C は

$$\text{カルノー効率：} \quad \eta_\mathrm{C} = 1 - \frac{T_\mathrm{L}}{T_\mathrm{H}} \tag{2.5}$$

これは 2 つの熱源から作られる熱機関によって実現できる，最高の熱効率である．このことも熱力学第 2 法則の 1 つの表現である（基本問題 2.15, 2.16）．

● **冷却機関・暖房機関（ヒートポンプ）**　熱機関のエネルギーが流れる方向をすべて逆転させると，外部から仕事をすることによって（たとえば電力を与えることで），高温部分をさらに熱くする（暖房），あるいは低温部分をさらに冷たくする（冷却）ことができる（基本問題 2.14）．

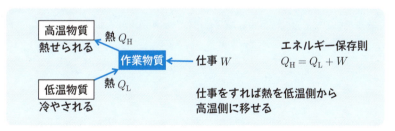

理解度のチェック　2．熱機関と熱力学第2法則

理解 2.7　（不可逆性）　ボールを床に落としたら跳ね返った．この過程の逆過程を説明せよ．それは現実に可能な過程か．

理解 2.8　（トムソンの原理）　ピストンの付いた容器内の気体を熱した．気体は膨張してピストンが動き，外部に対して仕事をし，温度は熱する前と変わらなかった．気体に与えられた熱はすべて仕事になったことになるが，トムソンの原理に反しないか．

理解 2.9　（クラウジウスの原理）　電気冷蔵庫では，内部の熱を外部に放出して，内部をさらに冷やしている．これは，熱は低温側から高温側には伝わらないというクラウジウスの原理に反しないか．

理解 2.10　（熱機関一般）　気体が右の PV 図に表されているような，A → B → C → D → A という4段階の変化をした．このうち，気体が外部に対して仕事をしているのはどの段階か．外部から仕事をされているのはどの段階か．全体で，外部にした仕事と外部からされた仕事の絶対値のどちらが大きいか．

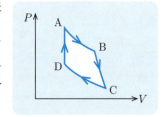

理解 2.11　（ヒートポンプ・暖房装置）　右の図は，熱機関でのエネルギーの流れを逆方向にしたものである．
(a)　このプロセスは「ヒートポンプ」と呼ばれることもある．その意味を説明せよ．
(b)　このプロセスは室内の暖房装置になることを説明せよ．
(c)　電熱器などで直接，暖房する場合と比べたときの，エネルギーの流れの違いについて，熱力学第1法則を使って説明せよ．

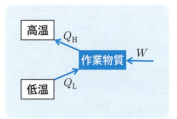

答 理解 2.7 この現象をビデオで撮り，逆回しで見たらどう見えるかを考えればよい．逆回して見てもボールは床に衝突して跳ね返っている．しかし逆過程が可能か否かは，跳ね返ったときの速さによる．同じ速さで跳ね返っていれば（弾性衝突），逆回しにしても同じなので逆過程は可能である．しかし一般には速さは遅くなる（非弾性衝突）．そして床に衝突したボールが，床からエネルギーを集め，速さを増して跳ね返ることは（何かの細工がない限り）ありえないので，逆過程は不可能である．

答 理解 2.8 トムソンの原理は，「何も影響を残さずに」という条件付きで成り立つ．ここでは気体は膨張しているので，トムソンの原理には当てはまらない．

答 理解 2.9 クラウジウスの原理は，「他に何もせずに」という条件付きである．電気冷蔵庫は電力を消費しているので，クラウジウスの原理には当てはまらない．

答 理解 2.10 気体が膨張している段階，つまり $A \to B$ と，$B \to C$ の段階で外部に仕事をしている．また $C \to D$ では収縮しているので，気体は仕事をされている．$D \to A$ は体積一定なので仕事の出入りはない．また，$A \to B \to C$ の段階のほうが $C \to D$ に比べて圧力が大きいので，仕事の大きさ（$P\Delta V$ で表される）が大きい．

答 理解 2.11 (a) 外から仕事 W を与えることによって，熱（heat）を低温側から高温側に「持ち上げている」．それでヒートポンプと呼ばれる．
(b) 高温側を冬の部屋の内部，低温側を外部だとすれば，部屋の内部の温度がさらに上がるので暖房となる．
(c) 第 1 法則より，$Q_L + W = Q_H$ である．つまり高温側が得るエネルギー Q_H は，与えた仕事 W よりも大きい．外部から与えるエネルギー W だけで部屋を暖める場合よりも，効率がいいことになる．

2. 熱機関と熱力学第2法則 ※類題の解答は巻末

基本 2.10 (消費燃料) 熱効率 25% の熱機関によって, 10 kW の出力を出したい. 入力の熱を, 燃焼熱 (燃焼するときに発生する熱) が 5×10^7 J/L の燃料によってまかなうとすると, 1時間でどれだけの燃料が必要か.

基本 2.11 (定圧定積サイクル) (a) 右図のように, 理想気体が定圧過程と定積過程を繰り返して元に戻るサイクルを考える. 気体のモル数を m, 定積モル比熱を C_V とする. $A \to B \to C \to D \to A$ という 4つの過程それぞれで, 吸収あるいは排出する熱 Q_1 〜 Q_4 を求めよ (熱の移動方向は各 Q_i が正となるように決める).

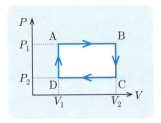

(b) 吸熱の合計と排熱の合計の差が, 気体が1サイクルで行う仕事に等しいことを確かめよ.
(c) 以下, 計算を簡単にするため, $V_2 = 3V_1$, $P_1 = 3P_2$ とする. このサイクルを熱機関とみなしたときの熱効率を求めよ.
(d) このサイクルにおける気体の最高温度と最低温度を求めよ. そしてこれらの温度の2つの熱源からなるカルノーサイクルの効率 (2.5) と, この問題の熱機関の効率との大小関係を調べよ.
(e) $P_2 = 1$ atm, $V_1 = 0.1$ L のときの, 1サイクル当たりの出力を求めよ.

類題 2.8 右図で表される理想気体のサイクルを考える. 気体のモル数を m, 定積モル比熱を C_V とする. 上問と同様の考察しよう.

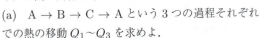
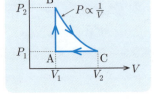

(a) $A \to B \to C \to A$ という3つの過程それぞれでの熱の移動 Q_1〜Q_3 を求めよ.
(b) 熱の合計と仕事の合計が等しいことを確かめよ.
(c) $V_2 = 3V_1$, $P_2 = 3P_1$ としたときの熱効率を求めよ.
(d) カルノーサイクルの効率と比較せよ.
(e) $P_1 = 1$ atm, $V_1 = 0.1$ L のときの, 1サイクル当たりの出力を求めよ.

第 2 章 熱機関から熱力学第 2 法則へ　　　　　　　　　　　45

答 基本 2.10　1 秒に必要な熱量は

$$10\,\text{kW} \div 0.25 = 4 \times 10^4\,\text{J/s}$$

この熱量を生じるのに必要な燃料は

$$4 \times 10^4\,\text{J/s} \div 5 \times 10^7\,\text{J/L} = 0.8 \times 10^{-3}\,\text{L/s}$$

1 時間では

$$0.8 \times 10^{-3}\,\text{L/s} \times 3600\,\text{s} \fallingdotseq 2.9\,\text{L}$$

答 基本 2.11　(a)　$\mathbf{A} \to \mathbf{B}$（定圧）：内部エネルギーの変化と仕事の差から計算できるが，基本問題 2.3 ですでに計算してある（$C_P = C_V + R$ を使う）．

$$Q_1（吸熱）= \frac{C_P}{R} P_1 (V_2 - V_1)$$

$\mathbf{B} \to \mathbf{C}$（定積）：基本問題 2.4 の結果を使えば

$$Q_2（排熱）= \Delta U = \frac{C_V}{R} V_2 (P_1 - P_2)$$

$\mathbf{C} \to \mathbf{D}$（定圧）：$Q_3（排熱）= \frac{C_P}{R} P_2 (V_2 - V_1)$
$\mathbf{D} \to \mathbf{A}$（定積）：$Q_4（吸熱）= \frac{C_V}{R} V_1 (P_1 - P_2)$

(b)　吸熱量 − 排熱量 $= Q_1 + Q_4 - Q_2 - Q_3 = (Q_1 - Q_3) - (Q_2 - Q_4) = \left(\frac{C_P}{R} - \frac{C_V}{R}\right)(P_1 - P_2)(V_2 - V_1) = (P_1 - P_2)(V_2 - V_1)$．これは PV グラフで囲まれている部分（長方形）の面積に他ならないので，正味の仕事（＝外にした仕事 − 外から受けた仕事）に等しい．

(c)　吸収した全熱量のうちのどれだけを仕事に回したかというのが熱効率である．そして，与えられた条件のもとでは 仕事 $= 4P_2V_1$, 全吸熱量 $= \frac{C_P}{R} 6P_2V_1 + \frac{C_V}{R} 2P_2V_1$ だから

$$熱効率 = \frac{仕事}{全吸熱量} = \frac{4R}{6C_P + 2C_V} = \frac{2R}{3R + 4C_V}$$

$C_V \geqq \frac{3}{2} R$ だから，熱効率は $\frac{2}{9}$ 以下である．

(d)　温度は積 PV に比例するので，最高温度 T_H は B, 最低温度 T_L は D の位置である．したがって

$$カルノー効率 = 1 - \frac{T_\mathrm{L}}{T_\mathrm{H}} = 1 - \frac{P_2 V_1}{P_1 V_2} = \frac{8}{9}$$

問題の熱機関の効率はカルノー効率よりもかなり小さい．

(e)　この機関が外にする仕事が出力だから，

$$出力 = 4P_2V_1 = (4 \times 1 \times 10^5\,\text{Pa}) \times (1 \times 10^{-4}\,\text{m}^3) = 40\,\text{J}$$

基本 2.12 (カルノーサイクル) カルノーサイクルは次の4つの段階からなる．作業物質は理想気体であり，温度 T_H と T_L の2つの熱源がある．
第1段階：高温熱源に接触させ温度 T_H のまま体積 V_1 から V_2 に膨張させる．
第2段階：熱源から離して V_2 から V_3 に断熱膨張させ，温度を T_L まで下げる．
第3段階：低温熱源に接触させて温度 T_L のまま体積 V_3 から V_4 に収縮させる．
第4段階：熱源から離して V_4 から V_1 に断熱収縮して，温度を T_H に戻す．
各段階で出入りする熱と仕事も図示してある．
熱効率が式 (2.5) になることを示せ．

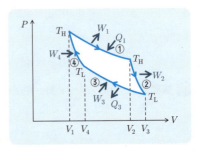

⚫ 注 V_3 と V_4 は断熱変化ということより決まる．

基本 2.13 (熱効率の大小) (a) カルノーサイクルの効率 η_C を大きくするにはどうすればよいか．
(b) カルノーサイクルの効率が1ではないこととトムソンの原理の関係を説明せよ．

基本 2.14 (逆カルノーサイクル) カルノーサイクルを構成する準静断熱過程と準静等温過程はどちらも可逆である．つまりすべてを逆方向に進めることができ，それを**逆カルノーサイクル**という．エネルギーの出入りはすべて逆方向になるので，模式的には41ページの下図のようになり，これは冷却機関あるいは暖房機関（ヒートポンプ）である．与えた仕事（通常は電力）に対する結果の割合を**成績係数**（動作係数）というが，

$$\text{冷却機関とみなした場合：} \quad \text{成績係数} = \frac{Q_L}{W}$$

$$\text{暖房機関とみなした場合：} \quad \text{成績係数} = \frac{Q_H}{W}$$

である．基本問題 2.12 の結果を用いて，逆カルノーサイクルの場合の成績係数の値を，熱源の温度 T_H と T_L を使って表せ．

類題 2.9 (成績係数の大きさ) (a) 逆カルノーサイクルで作られた冷房装置の成績係数は，室内外の温度差とどのような関係があるか．
(b) 室外の温度が 30℃ であるとき，室内の温度が 25℃ のときと 20℃ のときで，成績係数は何倍異なるか．

第 2 章　熱機関から熱力学第 2 法則へ　　　　47

答 基本 2.12　温度が T_H から T_L に変化するように $V_1 \sim V_4$ を決めなければならない．基本問題 2.8 で求めた関係を使うと（$\alpha = \frac{C_V}{R}$）

$$\frac{V_3}{V_2} = \frac{V_4}{V_1} = \left(\frac{T_H}{T_L}\right)^\alpha$$

であることがわかる．

第 1 段階と第 3 段階：どちらも等温過程なので，基本問題 2.5 より

$$Q_1 = W_1 = mRT_H \log \frac{V_2}{V_1}$$

$$Q_3 = W_3 = mRT_L \log \frac{V_3}{V_4} \ \left(= mRT_L \log \frac{V_2}{V_1}\right)$$

第 2 段階と第 4 段階：どちらも断熱過程なので熱の出入りはない．
したがって熱機関としては $Q_H = Q_1$，$Q_L = Q_3$ であり

$$熱効率 = 1 - \frac{Q_L}{Q_H} = 1 - \frac{T_L}{T_H}$$

注　カルノーサイクルでは

$$\frac{Q_H}{T_H} = \frac{Q_L}{T_L}$$

という関係が成り立っている．これは後で非常に重要な意味をもつ．

答 基本 2.13　(a)　熱源の温度差を大きくすればよい．
(b)　$T_L = 0$ ならば $Q_L = 0$ となり，また作業物質は 1 サイクル後は元の状態に戻るので，何も影響を残さずに熱を 100 %，仕事に転換したことになる．しかし現実には物体の温度を厳密に 0 K にすることはできない．

答 基本 2.14　基本問題 2.12 で示したように，カルノーサイクルの特徴は

$$\frac{Q_L}{Q_H} = \frac{T_L}{T_H}$$

という関係が成り立つことである．逆カルノーでは熱の出入りの方向が逆転するだけなので，この関係は変わらない．また第 1 法則より，

$$Q_H = Q_L + W$$

である．これらを使えば，冷却機関では

$$成績係数 = \frac{Q_L}{Q_H - Q_L} = \frac{T_L}{T_H - T_L}$$

暖房機関とみなしたときは

$$成績係数 = \frac{Q_H}{Q_H - Q_L} = \frac{T_H}{T_H - T_L} = 1 + \frac{T_L}{T_H - T_L}$$

注　次問で説明するが，これらは，2 熱源の冷却機関あるいは暖房機関によって実現できる最高の成績係数である．

基本 2.15 （カルノー効率の意味） クラウジウスの原理から，次のことを証明せよ．
(a) カルノー効率よりも熱効率の大きい熱機関は存在しない．
(b) 2つの熱源からなる可逆ないかなる熱機関の熱効率も，カルノー効率に等しい．

ヒント 下図のような，熱源を共有する熱機関と冷却機関の組合せを考える．熱機関が出す仕事 W を冷却機関が受け取って動くプロセスを考えよ．(a) では冷却機関を，(b) では熱機関を（逆）カルノーサイクルであるとする．

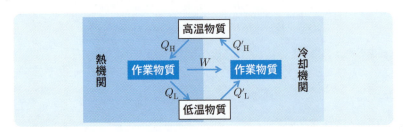

基本 2.16 （第2法則の2原理） (a) クラウジウスの原理に反することが起こると，トムソンの原理に反する現象が起こることを示せ．
(b) トムソンの原理に反する現象が起こると，クラウジウスの原理に反する現象が起こることを示せ．

類題 2.10 （クラウジウスの原理とカルノーサイクル） 基本問題 2.15 では，クラウジウスの原理から，カルノー効率が最大効率であることを導いた．逆に，クラウジウスの原理に反する現象が起きるとすると，カルノー効率は最大効率ではなくなることを示せ．

類題 2.11 （熱機関の接続） (a) 2つの熱機関がある．第1の熱機関が放出する熱を使って第2の熱機関を動かすとする．それぞれの熱機関の熱効率を η_1, η_2 としたとき，全体の熱効率 η を求めよ．
(b) この2つの熱機関は，それぞれの温度が T_1, T_2, T_3 の3つの熱源（$T_1 > T_2 > T_3$）によって動かされるカルノー機関であるとする．第1のものは T_1 と T_2 の熱源，第2のものは T_2 と T_3 の熱源によって動かされている．(a) で求めた式を使って，全体の熱効率を温度で表せ．

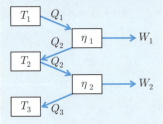

答 基本 2.15 (a) 問題の図で，冷却機関は逆カルノーサイクルであり，仮に熱機関の熱効率 η がカルノー効率よりも高かったとしよう．$\eta > \eta_C$ ということだから

$$\frac{W}{Q_H} > \frac{W}{Q'_H} \quad \rightarrow \quad Q'_H - Q_H > 0$$

また，$Q_L = Q_H - W$, $Q'_L = Q'_H - W$ なので

$$Q'_L - Q_L = Q'_H - Q_H > 0$$

作業物質は 1 サイクル後には元の状態に戻るのだから，結局，何も影響を残さずに低温熱源から高温熱源に熱が伝わったことになる．これはクラウジウスの原理に反するので，$\eta \leqq \eta_C$ でなければならない．

(b) 今度は，図の左側の熱機関をカルノーサイクル，右側の冷却機関を，別の可逆な熱機関を逆回ししたものだとしよう．上と同様の議論により $\eta_C \leqq \eta$ であることがわかる．(a) より $\eta \leqq \eta_C$ なので，結局，$\eta = \eta_C$ となる．

答 基本 2.16 (a) クラウジウスの原理に反して，熱機関で，低温熱源から高温熱源に熱 Q が伝わったとする．その熱の分だけ熱機関を動かすと，低温熱源から出た熱 $Q - Q'$ が仕事に変わったという結果しか残らない．これはトムソンの原理に反する．

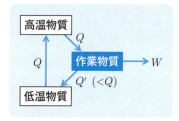

(b) トムソンの原理に反して，熱 Q_0 を 100% 仕事 $W (= Q_0)$ にし，自身には何も変化が残らない装置 X があったとする．その仕事の分だけヒートポンプを動かし，最初の熱源に熱を戻す．ヒートポンプでは仕事以上の熱が高温部分に伝わるので，全体としては，低温熱源から高温熱源に熱が移動したという結果が残る．これはクラウジウスの原理に反する．

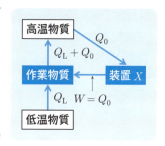

注 クラウジウスの原理を否定するとトムソンの原理が否定され，トムソンの原理を否定するとクラウジウスの原理が否定される．これは 2 つの原理が同等ということである．カルノー効率が最大効率であるという主張も同等である．●

応用問題

応用 2.6（部屋の暖房） 屋外が 0 °C，屋内が 15 °C の状態が，電力 10 kW のヒートポンプ（暖房機）によって維持されているとする．このヒートポンプの成績係数は，理論的最大値の 10 % である．ヒートポンプがなければ，この部屋は屋外との空気の出入りによってのみ冷えるとすると，1 時間にどれだけの空気が屋外と入れ替わっていることになるか．

応用 2.7（製氷） 冷蔵庫に 10 °C の水を 1 L 入れて，−5 °C の氷にしたい．冷凍装置の成績係数を 3 だとすると，どれだけの電力量が必要か．この冷凍装置の消費電力が 10 W だとするとどれだけの時間がかかるか．ただし，水と氷の g 比熱をそれぞれ 4.2 J/g K，2.1 J/g K，および凝固熱を 33.3 J/g とせよ．

応用 2.8（ガソリンエンジンのモデル … オットーサイクル） 通常の自動車で使われるエンジンをモデル化したサイクルを考える．このサイクルでは，エンジンのシリンダー内の気体が次の 4 段階で変化する．

第 1 段階：体積 V_1 のまま温度を T_1 から T_H に上げる（シリンダー内で燃料気体が爆発して瞬間的に温度が上がるプロセス）．

第 2 段階：体積 V_1 から V_2 に断熱膨張させる（シリンダー内の気体が膨張してピストンを押し出すプロセス）．

第 3 段階：体積 V_2 のまま温度を T_L まで下げる（実際にはシリンダー内の燃焼済み高温気体を燃焼前の低温気体と入れ替えるプロセス … 入れ替えでの仕事の出入りは打ち消し合うので，全体として定積過程とみなせる）．

第 4 段階：体積 V_2 から V_1 まで断熱収縮させる（ピストンを押し込んで燃焼前の気体を圧縮するプロセス）．

各段階で出入りする熱を計算し熱効率を温度で表せ．また，この機関を温度 T_H と T_L の 2 つの熱源によって実現したとすると，このサイクルはカルノーサイクルよりも効率が低いことを示せ．

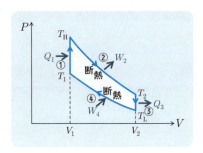

第 2 章　熱機関から熱力学第 2 法則へ

答 応用 2.6　(a)　まず，1 時間に部屋に与えるエネルギーを計算する．暖房機関の最高成績係数は基本問題 2.14 で与えられているので，ここでは

$$\text{成績係数} = \frac{T_H}{T_H - T_L} \times 0.1 = \frac{288}{15} \times 0.1 = 1.9$$

したがって，1 時間ごとにこの装置によって 0 °C から 15 °C まで温められている空気のモル数は（モル比熱を $\frac{5R}{2} = 21$ J/mol K として）

$$10\,\text{kW} \times 3600\,\text{s} \times 1.9 \div \left(\tfrac{5R}{2} \times 15\,\text{K}\right) = 2.2 \times 10^5\,\text{mol}$$

1 mol が 22.4 L であるとすれば，これは

$$22.4\,\text{L/mol} \times 2.2 \times 10^5\,\text{mol} = 4.9 \times 10^3\,\text{m}^3$$

部屋の大きさがたとえば 500 m³ だとすれば，その約 10 倍である．

答 応用 2.7　1 L（=1 kg）の 10 °C の水を -5 °C の氷にするには，

$$(4.2 \times 10 + 33.3 + 2.1 \times 5)\,\text{J/g} \times 1000\,\text{g} = 8.6 \times 10^4\,\text{J}$$

必要な電力量はこの 3 分の 1 で済むので，

$$8.6 \times 10^4\,\text{J} \div 3 = 2.9 \times 10^4\,\text{J}$$

10 W の電力でこれにかかる時間は，

$$2.9 \times 10^4\,\text{J} \div 10\,\text{J/s} = 2.9 \times 10^3\,\text{s} = 48\,\text{min}$$

約 50 分となる（現実には，熱の漏れもあるだろうから，もっと時間がかかりそうである）．

答 応用 2.8　第 1 段階と第 3 段階：どちらも定積過程であり，基本問題 2.2 より

$$Q_1 = C_V m (T_H - T_1), \quad Q_3 = C_V m (T_2 - T_L)$$

第 2 段階と第 4 段階：どちらも断熱過程だから熱の出入りはない．また基本問題 2.8 で求めた関係を使うと（$\alpha = \frac{C_V}{R}$ とすれば）

$$T_1 = T_L \left(\frac{V_2}{V_1}\right)^{1/\alpha}, \quad T_2 = T_H \left(\frac{V_1}{V_2}\right)^{1/\alpha}$$

これらより $T_1 = \frac{T_H T_L}{T_2}$ なので，

$$\text{熱効率} = 1 - \frac{Q_3}{Q_1} = 1 - \frac{T_2 - T_L}{T_H - T_1} = 1 - \frac{T_2}{T_H}$$

$T_2 > T_L$ なので，熱効率 $< 1 - \frac{T_L}{T_H}$ となる．つまりこの機関を 2 つの熱源によって実現したとすれば，熱効率はカルノー効率よりも小さくなる．

応用 2.9 （ガスタービンのモデル … ブレイトンサイクル）　下の図はガスタービンのモデルである．第1段階では高圧の気体を燃焼により定圧で加熱する．第2段階では高温になった気体を膨張させタービンに当てて回す．第3段階では等圧で冷却する（「高温気体の排気」+「低温気体の吸気」と同等）．そして第4段階で急速に圧縮して最初に戻る．各段階で出入りする熱を計算し熱効率を求めよ．

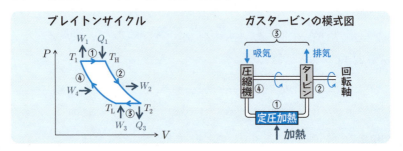

応用 2.10 （クラウジウスの不等式）　(a) 40ページの模式図で表される，2つの熱源からなる熱機関について，一般に

$$\frac{Q_H}{T_H} - \frac{Q_L}{T_L} \leq 0$$

という不等式が成り立っていることを証明せよ（基本問題 2.15 の結果を使う）．

(b)　ある作業物質が，温度 T_i ($i = 1 \sim N$) の多数の熱源と接触しながら，下の PV 図に描かれている閉曲線のように変化したとする．1 周したときに，各熱源から伝わった熱を Q_i とする．熱を受けている場合を正とし，熱を放出している場合には $Q_i < 0$ とする．すると

$$\sum_{i=1}^{N} \frac{Q_i}{T_i} \leq 0$$

であることを示せ．

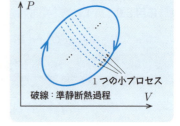

ヒント　右の図で破線は，この作業物質が準静的に断熱変化する場合の経路である．出発点を少しずつ変えて，そのような多数の経路を描いた．これらの破線によって元のプロセスを小プロセスに分割して考えよ．

(c)　全体のプロセスが可逆である場合には，上式で等号が成り立つことを示せ．

第2章 熱機関から熱力学第2法則へ

答 応用 2.9 前問の定積過程が定圧過程に代わっているので，基本問題 2.2 より

$$Q_1 = C_P m(T_H - T_1), \qquad Q_3 = C_P m(T_2 - T_L)$$

T_H が最高温度，T_L が最低温度であることに注意．ここで基本問題 2.8 で求めた関係を使うと $\left(\alpha = \frac{C_V}{R}\right)$

$$T_1 = T_L \left(\frac{P_2}{P_1}\right)^{1/(\alpha+1)}, \qquad T_2 = T_H \left(\frac{P_1}{P_2}\right)^{1/(\alpha+1)}$$

これらより $T_1 = \frac{T_H T_L}{T_2}$ なので，

$$熱効率 = 1 - \frac{Q_3}{Q_1} = 1 - \frac{T_2 - T_L}{T_H - T_1} = 1 - \frac{T_2}{T_H}$$

前問と同様，温度 T_H と T_L の2熱源を使ったカルノーサイクルの効率よりも小さい．

答 応用 2.10 (a) いかなる熱機関の効率もカルノー効率以下である．したがって同じ熱源をもつカルノーサイクルを考え，そのときの熱の出入りを Q_{H0}, Q_{L0} とすれば，

$$\frac{Q_L}{Q_H} \geq \frac{Q_{L0}}{Q_{H0}} = \frac{T_L}{T_H}$$

これより与式が得られる．

(b) 準静断熱変化は可逆なので，破線の同じところを行って帰れば何もしなかったのと同じである．このことを考えれば，実線の閉曲線を1周するプロセスは，隣り合う断熱変化によって細く分割された小プロセスの合計とみなせる．そして各小プロセスについては，（分割が十分に細かければ）両端は一定の温度の熱源に接触しているとみなせるので，(a) の不等式が成り立つ．そしてそれを足し合わせれば (b) の不等式になる．

(c) プロセス全体を逆に回せば Q_i の符号が逆転した不等式が成り立つので，両方が成り立つならば等号が成り立っていることになる．

■ **コラム**

ディーゼルエンジンのモデル ── ディーゼルエンジンの場合，瞬間的に爆発が起こるガソリンエンジン（オットーサイクル）と違って，圧縮された燃料ガスがシリンダー内に噴射されている間，燃焼が続く．したがって燃焼過程は定積ではなく，むしろ定圧過程によって表される．このサイクルをディーゼルサイクルという．

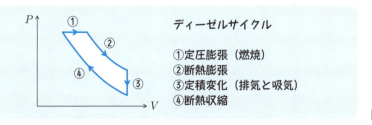

第3章 エントロピー — 確率的な見方

ポイント　1. 確率計算による決定

第2章後半では，現象の進み方には方向性があるという話をした（熱力学第2法則）．その原因を，確率という考え方から説明するのが本章の目的である．

● **確率によって決まる現象**　箱の中に多数のコインを入れ，ふたを閉めてよくふる．そしてふたを開けたとき，すべてのコインが表になっている可能性は（コインの数が多い限り）ほとんどないだろう．コインが N 枚あるとすれば，表裏の組合せの総数は，2^N である．N が大きければ非常に大きな数になる．そのうち，すべてが表という組合せは1通りしかないので，それが実現する可能性は極めて小さい（実現確率は組合せの数に比例する）．

では，N 枚中の n 枚が表になる割合はどの程度になるだろうか．そうなる組合せの数は（**2項分布**という），

$$_N C_n = \frac{N!}{n!(N-n)!}$$

だが，こう書いただけではよくわからない．N が大きいと，これは**ガウス分布**という式によって，よく近似できることが知られており，それによれば，

$$\text{ガウス分布：} \quad {}_N C_n \propto e^{-2N\delta^2} \quad \left(\delta = \frac{n}{N} - \frac{1}{2}\right) \tag{3.1}$$

となる（基本問題 3.2 参照）．N が非常に大きければ，$\delta = 0$，すなわち $\frac{n}{N} = \frac{1}{2}$ からずれると，右辺はほとんどゼロになる．

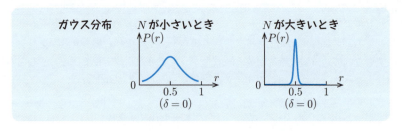

もちろん，厳密に $\delta = 0$ でなければならないというわけではなく，δ^2 が $\frac{1}{N}$ 程度，すなわち

$$r \text{（割合）} = \frac{n}{N} = \frac{1}{2} \pm \frac{1}{\sqrt{N}} \tag{3.2}$$

程度であれば，実現の可能性はある．つまり表の割合は半分から $\frac{1}{\sqrt{N}}$ 程度はばらつく．

しかし N が無限大になれば，割合 r のばらつきはゼロになる．これが，確率によって結果が決まってしまう，典型的な例である．

● **気体分子の分布**　以上の議論は，たとえば気体分子の分布の議論にも使える．容器の中で気体分子1つずつは勝手に動き回っている．それが容器の左右にどのような割合で分配されるかは，投げたコインの表裏に対応させれば上記と同じ計算になる．そして，たとえば1 L 中には 10^{22} レベルの分子が存在するのだから，割合はほとんど確実に $1:1$ になる．たとえば部屋の中で，勝手に動き回る空気分子がなぜ一様に分布しているのか，納得できるだろう．

● **不可逆性と組合せ**　さらに，拡散における不可逆性も同様に説明できる．気体の入った容器と真空の容器を並べ，境界を取り除くと，一瞬で気体は全体に一様に広がる．**自由膨張**という．これも，すべてが片側に集まるという組合せよりも，半分ずつに分かれるという組合せのほうが圧倒的に大きいからである．

● **エネルギーの分配**　このような議論は，分子の位置の問題だけではなく，エネルギーの分配にも拡張できる．容器の中間に境界があり分子は移動できないとしよう．しかし分子が境界の壁と衝突することを通じて，左右でエネルギー（熱）は移動できるとする．**熱的接触**である．そのとき，左右のエネルギーの割合にはあらゆる可能性がありうるが，現実には粒子数が大きいときは，ある分配を実現する組合せの数が圧倒的に大きく，組合せの数が実現確率に比例すると考えれば（**等重率の原理** … 統計力学の基本仮定），ほとんど100％の確率でそうなる．たとえば，もし左右の分子の数も種類もまったく同じだったら，エネルギーは半分ずつ分配されることになる（やはり $\frac{1}{\sqrt{N}}$ 程度のばらつきはあるが）．

また，エネルギーの移動が始まる前に（たとえば2つの部分が接触する前に）エネルギーが一方に偏っていたとしても，移動が始まると，圧倒的に可能性が大きい分配に落ち着く．低温物体と高温物体を接触させると，高温側から低温側にエネルギーが移動して同じ温度（熱平衡）になるという現象がこのように説明できるというのが，**熱力学第2法則の統計力学的解釈**である．

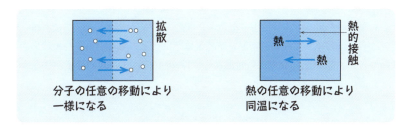

理解度のチェック　1. 確率計算による決定　※類題の解答は巻末

理解 3.1（コインの表裏） 2枚のコインを投げて2枚とも表になっても驚かないが，10枚のコインを投げてすべて表になったら驚くだろう．その理由を，場合の数と確率を求めた上で説明せよ．$2^{10} = 1024 \fallingdotseq 10^3$ として考えよ．

理解 3.2（コインの表裏） 宇宙が始まってから140億年間，1秒ごとに1 mol 個のコインを投げ続けた．すべてが表になったのは何回程度か．

理解 3.3（ガウス分布の性質） N 枚のコインを投げて n 枚が表になる確率 $P(N, n)$ は，N も n も大きければ

$$P(N, n) \propto e^{-2N\delta^2} \quad (\delta = \tfrac{n}{N} - \tfrac{1}{2})$$

となる（式 (3.2)）．これを使って以下の問いに答えよ．
(a) $N = 100$ として，$n = 50$ と $n = 40$ のときの P の比率を求めよ．
(b) $N = 1000$ として，$n = 500$ と $n = 400$ のときの P の比率を求めよ．
(c) 一般の N に対して P の値が最大値（$n = \tfrac{N}{2}$ のときの値）の 10 分の 1 になるのは，n あるいは比率 $\tfrac{n}{N}$ が，中心からどの程度ずれたときか．1000 分の 1 になるのはどこか．

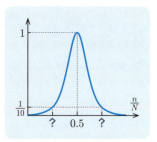

理解 3.4（平均からのずれ） 部屋の中の空気は，部屋全体に一様に分布しているように見える．しかし非常に細かく見ると，分子の個数にもばらつきがある．確率で考えると，気体中の，分子が平均 N 個あるはずの領域に存在する実際の個数は，$N \pm \sqrt{N}$ 程度，つまり $\sqrt{N}$ 程度のばらつきはある（上問参照）．N に対するばらつきの割合は，

$$\sqrt{N} \div N = \tfrac{1}{\sqrt{N}}$$

程度である．したがって非常に小さな領域を考えると N が小さくなるので，ばらつきの割合はそれほど小さくない．常温常圧の気体では，どのくらい小さな領域を考えるとばらつきが 1% 以上になるか（常温常圧では 22 L 内に 1 mol の分子が存在するとして考えよ）．

第3章　エントロピー──確率的な見方　　　　　　　　　　　　　　57

答 理解 3.1　場合の数は，1枚について表裏2つずつあるので，2枚では $2^2 = 4$. したがって2枚とも表になる確率は4分の1. 一方，10枚投げたときの場合の数は，それぞれ2通りだから全部で $2^{10} \fallingdotseq 1000$. したがって10枚とも表になる確率は約1000分の1. 確率が1000分の1である事象が目の前で起これば，さすがにびっくりするだろう．

答 理解 3.2　140億年間に投げた回数は
$$140 \times 10^8 \times 375 \times 24 \times 3600 \fallingdotseq 4.5 \times 10^{17} \text{ (回)}$$
一方，1 mol とは 6×10^{23} 個だから，$2^{10} \fallingdotseq 10^3$ を使えば場合の数は
$$2^{6 \times 10^{23}} = (2^{10})^{6 \times 10^{22}} = 10^{1.8 \times 10^{23}}$$
すべて表になる確率はこの逆数だから，すべてが表になる回数は
$$全回数 \times 確率 = 4.5 \times 10^{17 - 1.8 \times 10^{23}} < 1 \times 10^{-10^{23}}$$
指数を見ればわかるように，10^{17} 回という回数が意味のないほど，確率は小さい．つまり，すべて表になることは「事実上」ない．

答 理解 3.3　(a) $N = 100$, $n = 50$ のときは $\delta = 0$，つまり与式の右辺 $= 1$. $n = 40$ のときの右辺を計算すると
$$e^{-2N\delta^2} = \exp(-100 \times 0.1^2) \fallingdotseq 0.14$$
(b) 同様に，$e^{-2N\delta^2} = \exp(-1000 \times 0.1^2) \fallingdotseq 2 \times 10^{-9}$. ほぼゼロである．
(c) $e^{-2N\delta^2} = c \ (<1)$ とすると，$\delta^2 = \frac{|\log c|}{2N}$. したがって，$\frac{n}{N} = \frac{1}{2} \pm \frac{\sqrt{|\log c|}}{\sqrt{2N}}$. すなわち，$n = \frac{N}{2} \pm \sqrt{|\log c|}\sqrt{\frac{N}{2}}$. たとえば $c = \frac{1}{10}$ のときは $\sqrt{|\log c|} \fallingdotseq 1.5$, $c = \frac{1}{1000}$ のときは $\sqrt{|\log c|} \fallingdotseq 2.6$. いずれにしろ，割合 $\frac{n}{N}$ で見れば $\frac{1}{\sqrt{N}}$ 程度，n で見れば $\sqrt{N}$ 程度のずれが，確率が小さくなる目安となる．

答 理解 3.4　ばらつきが1%になるのは，$\frac{1}{\sqrt{N}} = 0.01$ 程度，すなわち $N = 10^4$ 程度である．つまり分子数が 10^4 程度になる領域の大きさを求めればよい．10^4 個のモル数は，$10^4 \div 6.0 \times 10^{23} = 1.7 \times 10^{-20}$ だから，
$$22 \text{ L} \times 1.7 \times 10^{-20} = 3.7 \times 10^{-22} \text{ m}^3 \fallingdotseq (0.7 \times 10^{-7} \text{ m})^3$$
すなわち 100 nm 立方程度の領域となる．

理解 3.5　(乱雑化)　場合の数が増加しているとは，状態が乱雑になっているということでもある．次の状況で，場合の数が増加していることを示し，何が乱雑になっているかを考えよ．
(a)　箱の中に N 個のサイコロを，その目をすべて 1 にして並べる．ふたをして激しく揺らし，ふたを開けたら，サイコロの目はバラバラになっていた．
(b)　水の中に赤い色水をたらした．色水は広がり，次第に色は見えなくなった．赤色の分子の配置について考えよ．
(c)　粘土を床に落とした．落下前後のエネルギーの各分子への分配について考えよ．

理解 3.6　(不可逆性)　(a)　上問 (c) で，粘土ではなくボールが弾性的に（= 速さを変えずに）床に衝突して跳ね返ったときは，乱雑さはどうなるか．
(b)　上問 (c) の答えから，床に落ちている物体が周囲から熱を集め，エネルギーを得て飛び上がらない理由を説明せよ．

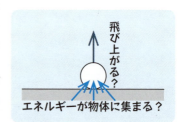

理解 3.7　(不可逆性)　以下の例で，エネルギーの分配の乱雑さがどうなっているか説明せよ．また，その逆過程が何であるかを説明し，確率的に考えて，なぜそれが起こらないのかを説明せよ．
(a)　雨粒が空気抵抗を受けながら等速で落ちている．
(b)　床を滑っている物体が，摩擦力により止まる．

類題 3.1　(環境との熱的接触)　一般に，異なる粒子は混じり合うことにより乱雑さを増す．空気中にはさまざまな種類の分子が混じり合い，海水にはさまざまなイオンが溶け込んでいる．しかし水と油を混ぜてもほっておくと分離する．これは，これまでの確率的考察に反しないか．

ヒント　この問題はこれまでの問題より少し難しいが，どちらの状態のエネルギーが大きいかを考え，環境の分子運動の乱雑さという観点から考えると答えられる．水と油の分子は反発するので分離したほうがエネルギーが低い．

第3章 エントロピー──確率的な見方

答 理解 3.5 (a) すべてが1という状態は1通り．一方，揺らした後の状態は，目の並び方はどうでもいい，バラバラの状態（乱雑な状態）とみなすと，サイコロの数を N とすれば，場合の数は 6^N 通りである．N が大きければ，場合の数は極めて大きくなる．
(b) たらした瞬間は，色をもつ分子はすべて，狭い領域にある．それがたとえば体積1000倍の領域にバラバラに広がったとしよう．すると，各分子の位置の可能性は1000倍になり，分子数を N とすれば，1000^N 倍だけ，場合の数は増える．色をもつ分子の位置の乱雑化である．
(c) 床に落ちる直前に粘土がもつ運動エネルギーは，衝突後には粘土や床の分子の熱運動のエネルギー（内部エネルギー）になる．落下中はすべての分子がほぼ同じ速度をもたなければならないので，運動エネルギーの分子への分配方法には大きな制限が付く．しかし分子の熱運動の場合，個々の分子は細かく乱雑に動いており，物体全体の温度は決まっていても各分子のもつエネルギーは同じである必要はない（時間平均を取れば同じになるが）．エネルギー分配の乱雑化である．

答 理解 3.6 (a) 弾性的衝突では運動エネルギーは減っていない．つまりそのエネルギーは衝突後も，特定の方法で分子に分配されなければならない．したがって場合の数は変わらず，乱雑にはなっていない．
(b) 非常に場合の数が大きい内部エネルギーから，場合の数に制限が付く運動エネルギーに変わることは，（実現確率の大きさは場合の数の大きさによって決まるという前提（等重率の原理）のもとでは）ありえない．

答 理解 3.7 (a) 雨粒は空気中の分子に衝突しながら落ちる．雨粒がもつ位置エネルギーが，空気分子の乱雑な運動に転嫁する．逆過程は，空気分子が衝突した雨粒は等速で上方に上がっていくという現象だが，乱雑な無数の空気分子の運動エネルギーが整然とした雨粒の運動エネルギーになることはありえない（整然とした空気の動きである風が吹いており，雨粒の動きに風のエネルギーの一部が転嫁することはありえるが）．
(b) 物体の運動エネルギーが，床との接触を通じて，床や物体の分子の乱雑な運動のエネルギー（内部エネルギー）に転嫁する．逆過程は，止まっている物体が周囲から熱を集めて動き出すという現象だが，無数の乱雑な分子の運動が整然とした動きになることは確率的にありえない．

基本問題 1. 確率計算による決定

基本 3.1 （対数とスターリングの公式） 確率やエントロピーの計算では対数や階乗の計算が重要になる．そのいくつかの性質について考えよう．

(a) 対数 $\log x$ は x の単調増加関数だが，その増加の程度は非常に小さい．$x = 100$ の場合に x, $\sqrt{x}$, $\log x$ の比率を計算せよ（x の値に対する他の関数の値を示せ）．$x = 10000$ だったらどうなるか（ここでは $\log$ は自然対数だとする）．

(b) スターリングの公式というものによれば，N が大きいとき

$$\log N! \simeq N \log N - N + \tfrac{1}{2} \log(2\pi N) \qquad (*)$$

という近似式が成り立つ．$N = 10$ 程度の大きさでもほぼ完全に一致することを確かめよ（誤差は $\frac{1}{12N}$ 程度であることも知られている）．

(c) 問 (a) により，N が十分に大きければ上式右辺の第3項は無視できる．たとえば $N = 100$ のときに，第3項の割合がどの程度小さいか評価せよ．

基本 3.2 （ガウス分布の導出） (a) N 枚のコインを投げたときに n 枚が表になる確率 $P(N, n)$ は，

$$P(N, n) = \tfrac{1}{2^N} {}_N C_n$$

であることを説明せよ．

(b) N が大きいとき，この確率分布はガウス分布と呼ばれる形になる．式 (3.1) だが，比例係数まで含めて書くと

$$P(N, n) \simeq \sqrt{\tfrac{2}{\pi N}} e^{-2N\delta^2} \quad (\delta = \tfrac{n}{N} - \tfrac{1}{2}) \qquad (*)$$

となる．この式を，下の **ヒント** を参考にして導け．ただし

$$|\delta| \ll 1$$

としてよい（比 $\frac{n}{N}$ が，確率最大の $\frac{1}{2}$ 付近であるときの振る舞いだけに着目するということである．そうでない領域は確率が非常に小さくなるので，ここでの議論のためには重要ではない）．

ヒント いったん対数 $\log {}_N C_n$ にしてスターリングの公式を使い，その結果を元に戻す．途中で

$$\log(1 \pm 2\delta) \simeq \pm \delta - 2\delta^2$$

という展開式を使う．

第 3 章　エントロピー——確率的な見方

答 基本 3.1 (a) $x = 100$ だったら
$$x : \sqrt{x} : \log x = 100 : 10 : 4.6$$
$$= 1 : 0.1 : 0.046$$

$x = 10000$ だったら,
$$x : \sqrt{x} : \log x = 10000 : 100 : 9.21$$
$$= 1 : 0.01 : 0.00092$$

注 $\lim_{x \to \infty} \frac{\log x}{x} \to 0$ である.

(b) $N = 10$ のとき
$$\log 10! = \log 3628800 \fallingdotseq 15.104$$
$$10 \log 10 - 10 + \tfrac{1}{2} \log(20\pi) \fallingdotseq 23.026 - 10 + 2.070 = 15.096$$

(c) $N = 100$ のときは
$$N \log N - N : \tfrac{1}{2} \log(2\pi N) \fallingdotseq 360 : 3.22 = 1 : 0.009$$

答 基本 3.2 (1) 1 枚当たり表裏 2 通りあるので，N 枚では 2^N 通りある．そのうち，n 枚が表になる組合せは ${}_N\mathrm{C}_n$ なので，確率は与式のようになる．

(b) 対数は掛け算を足し算に，割り算を引き算にするので
$$\log {}_N\mathrm{C}_n = \log N! - \log n! - \log(N-n)!$$
$$\fallingdotseq \left(N \log N - N + \tfrac{1}{2} \log(2\pi N)\right) - (N \leftrightarrow n) - (N \leftrightarrow N-n)$$
$$= n \log \tfrac{N}{n} + (N-n) \log \tfrac{N}{N-n} + \tfrac{1}{2} \log \tfrac{N}{2\pi n(N-n)}$$
$$= -N\left(\tfrac{1}{2}+\delta\right) \log\left(\tfrac{1}{2}+\delta\right) - N\left(\tfrac{1}{2}-\delta\right) \log\left(\tfrac{1}{2}-\delta\right) - \tfrac{1}{2} \log \pi \tfrac{N}{2}(1-4\delta^2)$$

これから $\log 2^N = N\left(\left(\tfrac{1}{2}+\delta\right)+\left(\tfrac{1}{2}-\delta\right)\right) \log 2$ を引けば
$$\log P(N,n) \fallingdotseq -N\left(\tfrac{1}{2}+\delta\right) \log(1+2\delta) - N\left(\tfrac{1}{2}-\delta\right) \log(1-2\delta) - \tfrac{1}{2} \log \tfrac{\pi N}{2}(1-4\delta^2)$$

ここで **ヒント** の展開式を使う．右辺第 3 項内の δ は無視できるので
$$\log P(N,n) \fallingdotseq -2N\delta^2 - \tfrac{1}{2} \log \tfrac{\pi N}{2} \qquad (*)$$

これの両辺の指数をとって $P = \cdots$ という形にすれば，与式になる．

注 ガウス積分と呼ばれる公式
$$\int_{-\infty}^{\infty} e^{-Ax^2} \, dx = \sqrt{\tfrac{\pi}{A}}$$

を使うと，与式 $(*)$ は $-\infty < n < \infty$ で積分すれば 1 になることがわかる．変数を n ではなく δ だとして $-\infty < \delta < \infty$ で積分して 1 にするには，係数を $\sqrt{\tfrac{2N}{\pi}}$ にしなければならない．$\sqrt{N}$ が分子にくるか分母にくるかの違いに注意.

ポイント 2. 微視的状態数からエントロピーへ

本章のこれまでの議論を熱力学の枠組みに取り入れるために導入されるのが，微視的状態数，そしてその対数であるエントロピーという量である．

● **微視的状態数**　物体が 1 つあり，その粒子数や全エネルギーが決まっていても，内部には無数の分子が含まれているので，それらが物体内でどのように配置しているか，また全エネルギーが各分子にどのように分配されているかによって，ミクロに（= 微視的に）見るとさまざまな状態がある．そこで，

$$\text{微視的状態数：} \quad \rho(U, V, N)$$

という量を定義する．これは物体全体としては，エネルギーが U，体積が V，粒子数が N になるような，微視的に区別された状態の数（場合の数）である．

● **平衡条件**　2 つの物体 A と B が熱的に接触しているとする．全エネルギー U_0 が A，B それぞれに U_A，U_B ($= U_0 - U_A$) というように分配される「場合の数」は，それぞれの微視的状態数を掛けて

$$\rho_A(U_A) \times \rho_B(U_B) \tag{3.3}$$

となる（エネルギーだけを問題にするので変数は U のみとした）．

統計力学では，すべての微視的状態数は（コインの表裏のように）同じ確率で発生すると仮定し（**等重率の原理**），場合の数が最大になる分配 (U_A, U_B) が，現実に圧倒的な確率をもって実現する，つまり熱平衡状態でのエネルギーの分配であるとする．

● **エントロピー**　ここで微視的状態数の対数としてエントロピー S を定義する．

$$\text{エントロピー：} \quad S(U, V, N) = k \log \rho(U, V, N) \tag{3.4}$$

比例係数 k は何でもいいのだが，**ボルツマン定数**（= 気体定数÷アボガドロ数 = $\frac{R}{N_A}$）とすると都合がいい（基本問題 3.6）．S を使うと，式 (3.3) を最大にするという条件は

$$S_A(U_A) + S_B(U_B) \tag{3.5}$$

が最大という条件になり，微分がゼロということから

$$\frac{dS_A}{dU_A} = \frac{dS_B}{dU_B} \tag{3.6}$$

という条件が導かれる（理解度のチェック 3.10）．

● **温度の導入**　ここで，一般の物体に対して温度 T を，次のように定義する．

$$\text{統計力学的温度：} \quad \frac{dS}{dU} = \frac{1}{T} \tag{3.7}$$

T は U，V，N の関数となる．右辺を逆数にしたのは，こうすると T は U の増加関

第3章 エントロピー──確率的な見方

数になるからである．これを使うと，接触している2物体の熱的な平衡条件 (3.6) は

$$T_A = T_B \tag{3.8}$$

というように，温度が等しいという（当然そうであるべき）条件になる．また比例係数 k をボルツマン定数 $(= \frac{R}{N_A})$ とすると，この T は絶対温度になる（基本問題 3.6）．

● **比熱** 式 (3.7) から温度とエネルギーの関係が決まるので，物体の比熱が決まる．粒子数 N，エネルギー U の物体の，エネルギーの分配方法の場合の数 ρ（エネルギーの分配で区別した微視的状態数）は，U が大きいとき，しばしば $\rho = AU^{\alpha N}$ という形を取る．α は何らかの定数，A は U に依存しない比例係数．この場合

$$\text{エントロピー：} \quad S = k\log\rho = k\alpha N \log U + \text{定数} \tag{3.9}$$

$$\text{温度：} \quad T = \left(\frac{dS}{dU}\right)^{-1} = \frac{1}{k\alpha}\frac{U}{N} \tag{3.10}$$

$$\text{比熱：} \quad \frac{dU}{dT} = N\alpha k = m\alpha R \tag{3.11}$$

ただし $m = \frac{N}{N_A}$ はモル数．$kN_A = R$ なのでモル比熱は αR となる．

● **エントロピー非減少の法則と熱力学第2法則** 粒子数 N が膨大のとき（たとえばアボガドロ数程度），微視的状態数 (3.3) が最大という条件で決まるエネルギー分配は，単に実現確率最大というばかりでなく，確実に実現される状態でもある（$\frac{1}{\sqrt{N}}$ 程度の揺らぎはありうる）．そうでない状況から出発しても，最終的にはこの状態に帰着し，それに逆行する変化は起こらないというのが，ポイント1で説明した，熱力学第2法則の解釈だった．これを言い換えれば，全エントロピー (3.5) が最大になるのが熱平衡状態であり，現象は全エントロピーが増える方向に進む（すでに最大になっていれば，それを維持する方向に進む）．これを**エントロピー非減少の法則**という．

● **理想気体のエントロピー** 一般に物体のエントロピーを求めるのは難しいが，理想気体に対しては次のようになる（α は理想気体の比熱に登場する定数）（基本問題 3.14）．

$$S = k\alpha N \log \frac{U}{N} + kN \log \frac{V}{N} + (N \text{のみに比例する項}) \tag{3.12}$$

ただし，ここで U は分子の運動エネルギーのみを含む．それ以外の内部エネルギー U_0 まで含むときは，上式の U は $U - U_0$ とする．基本問題 3.6 の解答も参照．

● **可逆過程** 実現可能な過程ではエントロピーが減少しないとすれば，逆方向も可能な可逆過程では全エントロピーは一定でなければならない．特に，周囲のエントロピーが変化しない過程では，対象物自体のエントロピーが一定でなければならない．理想気体の準静断熱過程の性質は上式の S が一定という条件から導かれる（基本問題 3.15）．

理解度のチェック　2. 微視的状態数からエントロピーへ

※類題の解答は巻末

理解 3.8　（サイコロ）　下記の状態の，場合の数 ρ を計算し，エントロピー $S = k \log \rho$ を求めよ．
(a)　N 個のサイコロの目がすべて 1 の状態
(b)　N 個のサイコロの目が任意である状態
(c)　3 個のサイコロの目の合計が 10 である状態

類題 3.2　（乱雑化）　エントロピーは乱雑さの程度を表している．理解度のチェック 3.5 の最初の 2 例で，状態が乱雑化したときの，エントロピーの増大の程度と，関係する粒子（物体）の数 N との関係を考えよ．ただし N は非常に大きな数だと考えてよい．

理解 3.9　（エネルギー分配の場合の数）　ある単位を使うと，$0, 1, 2, 3, \ldots$ というように，0 以上の整数値のエネルギーしかもてない粒子があるとする．そしてこのような粒子が N 個ある場合，全体のエネルギーは各粒子のエネルギーの和で表されるとする（つまり粒子間の位置エネルギーは考えない）．
(a)　このような粒子が 2 個あるとし，全エネルギーが 2 であるときと，3 であるときそれぞれの，場合の数（$\rho_2(2)$, $\rho_2(3)$ と記す）を求めよ．どちらが大きいか，直観的に説明できるか（ここでの場合の数とは，ポイント 2 の用語を使えば微視的状態数である）．
(b)　今度はこのような粒子が 3 個であるとし，全エネルギーが 2 であるときと，3 であるときそれぞれの，場合の数を求めよ．答えが (a) と比べて大きい理由を，直観的に説明できるか．
(c)　このような粒子が 2 個入っている箱と，3 個入っている箱が並んでおり，粒子は出入りしないがエネルギーは自由にやり取りできるとする．全エネルギーが 5 であり，それが左右に (2,3) のように分配される場合と，(3,2) のように分配される場合の，それぞれの場合の数を，(a) と (b) の結果を使って求めよ．また，その結果からどのようなことがいえるか．

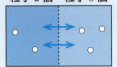

粒子は移動しないが
エネルギーは移動する

答 理解 3.8 (a) このような状態は1種類しかないのだから，$\rho = 1$．$\log 1 = 0$ だから，$S = 0$．
(b) 1番目のサイコロの目は6通り，2番目も6通りだから，N個全体では6^N通り，つまり$\rho = 6^N$．したがって $S = Nk\log 6$．
(c) 具体的に数えると，$(1,3,6)$，$(1,4,5)$，$(2,3,5)$ の組合せがそれぞれ6通り（どのサイコロがどの目かという区別が6通りある），$(2,2,6)$，$(2,4,4)$ の組合せがそれぞれ3通りで，合計24通り．したがって $S = k\log 24 = 3.18k$．

答 理解 3.9 (a) 全エネルギーが2のとき，上問(c)と同様に具体的に勘定すれば，$(0,2)$ という組合せが2通り，$(1,1)$ が1通りなので，$\rho_2(2) = 3$．全エネルギーが3のときは，$(0,3)$，$(1,2)$ という2通りずつで，$\rho_2(3) = 4$．分けられるエネルギーが大きい後者のほうが，場合の数が大きいのは当然である．
(b) 全エネルギーが2のとき，$(0,0,2)$ が3通り，$(0,1,1)$ が3通りで，$\rho_3(2) = 6$．全エネルギーが3のときは，$(0,0,3)$ が3通り，$(0,1,2)$ が6通り，$(1,1,1)$ が1通りなので，$\rho_3(3) = 10$．どちらも ρ_2 よりも大きいが，エネルギーを分けられる粒子数が多いのだから当然である．
(c) それぞれの ρ を掛けたものが全体の ρ になる．$(2,3)$ と分けるときの，場合の数を $\rho(2,3)$ と書けば

$$\rho(2,3) = \rho_2(2) \times \rho_3(3) = 30, \quad \rho(3,2) = \rho_2(3) \times \rho_3(2) = 24$$

粒子数の割合（2対3）でエネルギーを分けたほうが，場合の数が大きいことがわかる．同じ物質で温度が等しければ，エネルギーは物質の量に比例して分配されるということに合致する．ただし粒子数がこのように少ない場合は，それほど大きな差が出るわけではない．

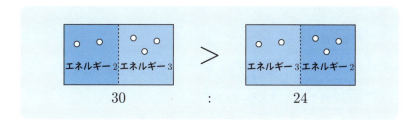

理解 3.10 （統計力学的温度） 式 (3.7) で定義される温度が，温度がもつべき性質をもっていること，またはもつための条件を考えよう．
(a) 2物体が熱平衡であるときは温度が等しい．そのことを保証するのがポイント2の式 (3.6) である．この式を証明せよ．
(b) 式 (3.7) で定義される温度が正になるには，$S(U)$ はどのような性質をもっていなければならないか．
(c) エネルギー U が増加すると温度も増加するためには，$S(U)$ はどのような性質をもっていなければならないか．
(d) 粒子数 N，エネルギー U（> 0）の物体のエントロピーが，α を何らかの正の定数として

$$S(U) = k\alpha N \log U + (\text{U に依存しない項})$$

と表されるとする（ほとんどの物体のエントロピーは，U が大きいときこのような振る舞いをする … ポイント2参照）．この式は，問 (b) と問 (c) で求めた条件を満たしていることを確かめよ．
(e) エントロピーが上式で表されるとき，温度は粒子1つ当たりのエネルギーに比例することを示せ．

理解 3.11 （エントロピー非減少則の結果） (a) ある物体から熱 Q（> 0）が出ていき，仕事の出入りがないとすれば，その物体のエネルギーの変化は $\Delta U = -Q$ である．その物体の温度が T であるとき，エントロピーの変化 ΔS はどう書けるか．ただし温度は式 (3.7) で定義されているとする．
(b) 熱効率100％の熱機関は，エントロピー非減少則に反することを説明せよ．
(c) エントロピー非減少則から，熱機関の最大効率がカルノー効率になることを説明せよ（各物質のエントロピーの変化を問 (a) の式を使って表す）．

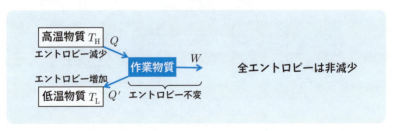

類題 3.3 高温物体と低温物体を接触させたとき，熱は低温側から高温側に移動しないことを，エントロピー非減少則から説明せよ．

第3章 エントロピー——確率的な見方

答 理解 3.10 (a) 熱平衡状態では，場合の数が最大になるという条件から

$$\frac{d}{dU_A}\bigl(S_A(U_A) + S_B(U_B)\bigr) = 0 \quad \to \quad \frac{dS_A(U_A)}{dU_A} = -\frac{dS_B(U_B)}{dU_A}$$

$U_B = U_0 - U_A$ なので $\frac{dU_B}{dU_A} = -1$ であることを考えれば，式(3.6)が得られる．微分する変数が U_A から U_B に変わって符号が変わったことに注意．

(b) $\frac{dS}{dU} > 0$ だということだから，$S(U)$ は U の単調増加関数でなければならない（U が増えれば常に S が増えるということ）．

(c) 式(3.6)をもう一度 U で微分すると

$$\frac{d^2S}{dU^2} = \frac{d}{dU}\frac{1}{T} = -\frac{1}{T^2}\frac{dT}{dU}$$

問題の条件は $\frac{dT}{dU} > 0$ ということだから，左辺が負．つまり $\frac{d^2S}{dU^2} < 0$．

(d) 対数 $\log x$ の微分は $\frac{1}{x}$ なので，

$$\frac{dS}{dU} = \frac{k\alpha N}{U}, \qquad \frac{d^2S}{dU^2} = -\frac{k\alpha N}{U^2}$$

になる．$U > 0$, $\alpha > 0$ ならば，これらは問(b)と問(c)の条件を満たす．

(e) 問(d)の第1式が $\frac{1}{T}$ に等しいとすれば

$$T = \frac{1}{k\alpha}\frac{U}{N}$$

$k\alpha$ は定数なので，T が $\frac{U}{N}$ に比例していることがわかる．

答 理解 3.11 (a) 式(3.7)を微小変化の式で表せば

$$\frac{\Delta S}{\Delta U} = T \quad \to \quad \Delta S = \frac{\Delta U}{T}$$

なので，$\Delta U = -Q$ ならば

$$\Delta S = -\frac{Q}{T}$$

(b) 熱効率100%の熱機関があれば，熱 Q を100%仕事にできる．それによって何らかの物体を持ち上げたとしよう．持ち上げられた物体では内部エネルギーは変わらないので，エントロピーも変わらない．熱源では $\Delta S = -\frac{Q}{T}$ の減少があるのでエントロピーは全体で減少することになり，非減少則に反する．

(c) 左ページの図の記号を使うと，問(a)の解答の式より

全エントロピーの変化 = 高温物質での ΔS (< 0) + 低温物質での ΔS (> 0)

$$= -\frac{Q_H}{T_H} + \frac{Q_L}{T_L} \geqq 0 \quad \to \quad \frac{Q_L}{Q_H} \geqq \frac{T_L}{T_H}$$

したがって

$$熱効率 = 1 - \frac{Q_L}{Q_H} \leqq 1 - \frac{T_L}{T_H} = カルノー効率$$

基本問題 2. 微視的状態数からエントロピーへ

※類題の解答は巻末

基本 3.3 （最大の求め方） (a) $f(x) = Ax$, $g(x) = Bx$ という2つの関数がある．A も B も正の定数であるとする．x_0 を何らかの定数としたとき，積 $h(x)$

$$h(x) = f(x)g(x_0 - x) = ABx(x_0 - x) \quad (*)$$

が最大になる x を求めよ．

(b) $F(x) = \log f(x)$, $G(x) = \log g(x)$ としたとき，式 $(*)$ が最大になるのは

$$F(x) + G(x_0 - x)$$

が最大になる x と同じであることを，実際に計算して確かめよ．

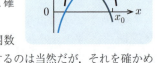

注 $F + G = \log fg$ であり，対数関数は単調増加関数なので，h が最大と $F + G$ が最大という条件が一致するのは当然だが，それを確かめよという問題である．

(c) $f(x)$ は，エネルギー x をもつ物体 A の微視的状態数を表し，$g(x)$ が物体 B についての同じ量であるとき，問 (b) の意味することを，エントロピーという言葉を使って説明せよ．

基本 3.4 一般の関数 $f(x)$ と $g(x)$ について，上問の問 (a) と問 (b) での最大の求め方が同等であることを，微分を計算して示せ．

基本 3.5 （エントロピーの形） (a) 上問で，$f(x) = Ax^a$, $g(x) = Bx^b$ としたとき，$h(x) = f(x)g(x_0 - x)$ を最大にする x を，上問 (b) の方法を使って求めよ．

(b) 上問 (c) のように x がエネルギーを表すと考え，物体 A と B は同じ物質からできているとしよう．A と B が熱的に接触しエネルギーを交換できるとすれば，熱平衡状態では全エネルギーは物体 AB 間で，それぞれの粒子数に比例して配分されるだろう．だとすれば，問 (a) の式に現れる定数について，何がいえるか．

(c) このとき，エントロピーの式について何がいえるか．

第 3 章 エントロピー —— 確率的な見方   69

答 基本 3.3 (a) $\frac{dh}{dx} = AB(x_0 - 2x)$. これをゼロとすれば $x = \frac{x_0}{2}$ となる.
(b) $F(x) = \log A + \log x$ などから,
$$\frac{dF(x)}{dx} + \frac{dG(x_0-x)}{dx} = \frac{1}{x} - \frac{1}{x_0-x}$$
これがゼロであるとすれば，やはり $x = \frac{x_0}{2}$ となる.
(c) エネルギーが物体 AB 間でやり取りされ，全エネルギーが x_0 である場合，A のエネルギーが x ならば B のエネルギーは $x_0 - x$ である．そして熱平衡状態で実際に達成されるのは，そうなる微視的状態数（それぞれの物体の微視的状態数の積）が最大になるときである．これが (a) で求めた x だが，対数の和が最大になると考えても同じというのが (b) である．微視的状態数の対数がエントロピーなので，全エントロピー（= エントロピーの和）が最大の状態が平衡状態であることになる．

答 基本 3.4 $\frac{dg(x_0-x)}{dx} = -\frac{dg(x_0-x)}{d(x_0-x)} = -g'(x_0 - x)$ であることに注意すれば
$$\frac{dh}{dx} = f'g - fg' = 0 \quad \to \quad \frac{f'}{f} - \frac{g'}{g} = 0$$
これは，
$$\frac{dF(x)}{dx} + \frac{dG(x_0-x)}{dx} = \frac{dF(x)}{dx} - \frac{dG(x_0-x)}{d(x_0-x)} = 0$$
という式に等しい.

答 基本 3.5 (a) $F(x) = \log f(x) = \log A + \log x^a = \log A + a \log x$. 同様にして,
$$G(x_0 - x) = \log B + b \log(x_0 - x)$$
なので,
$$\frac{dF(x)}{dx} + \frac{dG(x_0-x)}{dx} = \frac{a}{x} - \frac{b}{x_0-x}$$
これがゼロであるとすれば，$x = \frac{a}{a+b} x_0$.
(b) $x = \frac{a}{a+b} x_0$ ならば，$x_0 - x = \frac{b}{a+b} x_0$. x がエネルギーであるとすれば，上式は全エネルギー x_0 が $a:b$ の比率で分配されることを意味する．したがって，a と b は粒子数に比例すると想像される．
(c) $f(x)$ が微視的状態数であるとすれば，エントロピーは
$$S = k \log f = k \log A + ka \log x$$
a が粒子数に比例しているとすれば，これは，ポイント 2 あるいは理解度のチェック 3.10 (d) で示した形に一致する．

基本 3.6　(理想気体と比熱)　粒子数 N の単原子分子理想気体の，微視的状態数 $\rho(U)$ は，A を何らかの U に依存しない数（V と N には依存する）として

$$\rho(U) = AU^{\alpha N} \qquad (*)$$

と表される（基本問題 3.9 で証明する）．一般の理想気体でも（常温で）同じ形の式が成り立つが，単原子分子の場合は $\alpha = \frac{3}{2}$ である．U は，気体分子の運動エネルギーのみによる内部エネルギーである（解答の **注** を参照）．一方で，単原子分子理想気体の比熱（定積比熱）C_V は，絶対温度（あるいは摂氏温度）の変化に対するエネルギー変化として定義すると（第 2 章参照）

$$C = m\alpha R = N\alpha k \qquad (**)$$

であることが知られている．ただし k はボルツマン定数（$= \frac{R}{N_A}$）である．以上のことより，式 (3.7) で定義される温度が絶対温度に一致するには，エントロピーの定義式 (3.4) の比例係数 k はボルツマン定数でなければならないことを示せ．

基本 3.7　(理想気体と比熱)　上問とは逆に，比熱から微視的状態数を求めてみよう．上問の式 $(**)$ が，温度 T_0 から T までの範囲で成り立つとして，$U(T) - U(T_0)$ を求め，それから $S(T)$ を求めよ．微視的状態数 ρ については何がいえるか．

基本 3.8　(理想気体の微視的状態数)　同量（粒子数 $N = 10^{22}$）の，同じ単原子分子理想気体が入った 2 つの容器を接触させた．接触させた時点でのそれぞれの絶対温度は $T = 290\,\text{K}$ と $310\,\text{K}$ であった．接触させたのちは，どちらも $T = 300\,\text{K}$ になるだろう．初期状態と最終状態での，微視的状態数の比率を求めよ．また，このときの全エントロピーの変化を求めよ．

ヒント　微視的状態数の公式は，基本問題 3.6 の式 $(*)$ を使う．この式で U は分子の運動エネルギーの分だけだから，絶対温度 T に比例すると考えてよい．

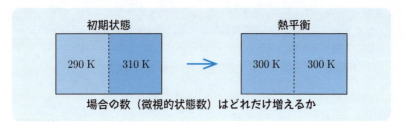

場合の数（微視的状態数）はどれだけ増えるか

第3章 エントロピー——確率的な見方

答 基本 3.6 式 $(*)$ と式 (3.4) より，エントロピーは

$$S = k\alpha N \log U + (U \text{に依存しない項})$$

であり，式 (3.7) より

$$k\alpha \frac{N}{U} = \frac{1}{T} \quad \to \quad U = k\alpha NT$$

これより比熱 C は

$$C = \frac{\Delta U}{\Delta T} = k\alpha N$$

これは式 $(**)$ と同じ形だが，一致するには k が同じでなければならない，つまり k はボルツマン定数に等しくならなければならないことがわかる．

注 理想気体ならば分子間の位置エネルギーはないが，各分子が静止状態でもつエネルギーはある．それを U_0 とし，U が U_0 を含んでいれば，この問題の U は $U - U_0$ となるが，U_0 は定数なので，$\Delta U = \Delta(U - U_0)$ であり，上の議論は変わらない．ただし化学反応が起こり分子が変化し U_0 が変化する場合は問題になる． ●

答 基本 3.7 $\frac{dU}{dT} = C$ を積分して

$$U(T) - U(T_0) = C(T - T_0)$$

これより，$T = \frac{1}{C}\bigl(U(T) - \text{定数}\bigr)$ という形に書けるので，

$$\frac{dS}{dU} = \frac{1}{T} = \frac{C}{U - \text{定数}}$$

これを積分すれば，$S = C\log(U - \text{定数}) + \text{定数}$．比熱が上問で与えられている形ならば，この S は上問解答の S に一致する（対数の中の「定数」については，上問解答の **注** を参照）．

答 基本 3.8 粒子数 N の理想気体の温度が T_1 から T に変わったとき，変化の前後の微視的状態数の比率は

$$\left(\frac{U(T)}{U(T_1)}\right)^{\alpha N} = \left(\frac{T}{T_1}\right)^{\alpha N}$$

である．したがって，温度が T_1 $(= 290\,\text{K})$ と T_2 $(= 310\,\text{K})$ だった気体が，どちらも温度 T $(= 300\,\text{K})$ になったとすれば，変化前後での微視的状態数の比率は

$$\left(\frac{T}{T_1}\right)^{\alpha N} \times \left(\frac{T}{T_2}\right)^{\alpha N} = (1.0011)^{\alpha N}$$

$1.0011 = 10^{0.00048}$ なので，$\alpha N = 1.5 \times 10^{22}$ も使えば上式 $= 10^{7.2 \times 10^{18}}$．違いは膨大であり，温度変化は確率的に必然であることが納得できる．エントロピーの差はこの対数に k を掛けたものなので，$\Delta S = k \times 7.2 \times 10^{18} \times \log 10 = 2.3 \times 10^{-4}\,\text{J/K}$．

基本 3.9 （理想気体のエントロピーのエネルギー依存性） (a) 基本問題 3.6 の式 (∗) を導こう．質量 M の単原子分子が N 個含まれている理想気体を考える．その運動エネルギー（並進運動）の合計を U とする．具体的には，i 番目の分子の速度を (v_{ix}, v_{iy}, v_{iz}) と書くと

$$\frac{M}{2}\sum_{i=1}^{N}(v_{ix}^2 + v_{iy}^2 + v_{iz}^2) = U \tag{$*$}$$

これは，(v_{ix}, v_{iy}, v_{iz})（ただし $i = 1 \sim N$）という $3N$ 個の変数からなる抽象的な空間内の，半径 $\sqrt{\frac{2U}{M}}$ の，$3N-1$ 次元球面を表していると考えられる．そしてこの球面上の各点が，N 個の分子にエネルギー U を分配する方法 1 つ 1 つに対応する．半径 r の n 次元球面の面積は r^n に比例することを使うと基本問題 3.6 の式 (∗) が推定できる理由を説明せよ．

注 厳密な証明を要求しているわけではない．球面上には点は無限個あるので，真正直に考えると微視的状態数は無限大になる．それを有限にするには量子力学的発想が必要だが，ここではそこまでは考えない．

(b) 2 原子分子になると（右図），並進運動のエネルギーの他に，2 つの回転運動のエネルギーが加わる．回転に対する慣性モーメントを I とし，回転の角速度を ω とすれば，回転運動のエネルギーは $\frac{I}{2}\omega^2$ と書ける．このことから，微視的状態数の式がどう変わるか考えよ．2 原子分子理想気体では比熱はどうであったかを思い出して考えるとよい．

(c) さらに，原子間の距離が変化する運動，つまり振動の効果を考えるとどうなるかを考えよ．

基本 3.10 半径 r の $n-1$ 次元球面の面積は，n が偶数の場合に正確に書くと

$$n-1\text{ 次元球面の面積} = \frac{n\pi^{n/2}}{(n/2)!}r^{n-1}$$

となる．これを使うと，理想気体のエントロピーについて何がいえるか．

注 n が奇数の場合には式は少し複雑になるが，n が大きいときの近似式を考えるのだから，n が偶数で考えても奇数で考えても変わりはない．

第3章　エントロピー——確率的な見方　　　　　　　　　73

答 基本 3.9 (a) 全エネルギー U を，$3N$ 個の運動エネルギーに分配する方法の，場合の数を求める問題である．具体的な各分配の結果は，$3N$ 個の変数で表される $3N$ 次元空間内の点で表されるが，合計が U になるという条件（式 $(*)$ ⋯ $3N-1$ 次元の球面を表す式）があるので，この式から決まる球面上の点でなければならない．その体積は半径の $3N-1$ 乗に比例するので，場合の数もそれに比例すると考えられる（ただし問題文の 注 を参照）．N が膨大な数なので，-1 は無視して $3N$ 乗だとしよう．半径は $U^{1/2}$ に比例するので，場合の数は $U^{3N/2}$ に比例すると考えられ，基本問題 3.4 の式 $(*)$ が得られる（$\alpha = \frac{3}{2}$）．

(b) 分子の回転運動も可能ならば，それにエネルギー U を分配してもよい．各分子に 2 種類の回転が考えられるので（第 2 章ポイント 1），各分子に 2 つの項を，式 $(*)$ に加えなければならない．すると式 $(*)$ は $5N-1$ ($\fallingdotseq 5N$) 次元の楕円球面を表すことになり，場合の数は $U^{5N/2}$ に比例することになる．

(c) 単振動だと考えると，そのエネルギーは運動エネルギーと位置エネルギーの合計（バネの場合は $\frac{m}{2}v^2 + \frac{k}{2}x^2$ と書いた）なので，2 つの項がある．各分子に対してこの 2 項を式 $(*)$ に加えれば，全体で $7N$ 個の項の和になる．したがって，場合の数は $U^{7N/2}$ に比例することになる．ただし，原子の振動はかなり高温にならないと起こらないことが知られている．

注 実際は 2 原子分子でも，極低温では回転運動は起こらず，かなり高温にならないと振動は起こらない．量子力学で考えると，たとえば回転の角速度 ω は任意の値を取れず，回転運動のエネルギーは離散的（とびとび）になるからである．しかし全体のエネルギー U が十分に大きいときはとびとびである効果は無視できるようになるので，上記の，古典力学に基づく議論で正しい結果が得られる．　●

答 基本 3.10 スターリングの公式を使うと（$\log n$ に比例する項は無視する）

$$\log \frac{r^n}{(\frac{n}{2})!} \fallingdotseq n\log r - \frac{n}{2}\left(\log \frac{n}{2} - 1\right)$$
$$= \frac{n}{2}\log \frac{r^2}{n} + (n \text{ に比例する項})$$

$r \propto \sqrt{U}$，$n = 2\alpha N$ であることを使えば

$$S = k\alpha N \log \frac{U}{N} + (N \text{ に比例する項})$$

対数の中が $\frac{U}{N}$ という形になったという点が重要な意味をもつ．

基本 3.11 （客の割り振り） 理想気体のエントロピーのエネルギー依存性について議論してきたので，次に体積依存性を考える．だがその前にまず，次の練習問題を考えよう．

(a) 客室数が M である非常に大きなホテルがある．N 組の予約客のために N 室の部屋を確保したい．$M \gg N$ であるとき，部屋を確保する仕方の場合の数は $\frac{M^N}{N!}$ であることを，組合せの数を使って示せ．$M \gg N$ という条件はなぜ必要か（どの客をどの部屋に入れるかは考えない）．

(b) それぞれ M 室をもつ，東館と西館からなるホテルがある．N 組の予約客のうち，n 組は東館，残りの $N-n$ 組は西館に入れる．部屋を確保する仕方の，場合の数を求めよ．条件は (a) と同じとする．

(c) $N = 10$ としたとき，5組ずつ分けるのと，(4,6) と分けるのとでは，どちらが場合の数が多いか．

(d) 一般の N に対して，n がいくつのときに場合の数は最大になるか．

類題 3.4 （客の割り振り） 上問 (b) の状況を，東西それぞれに部屋を確保するのではなく，N 組の客を（部屋は関係なく）東西どちらかに振り分けるかという問題だと考えてみよう．場合の数はどうなるか．上問 (b) の結果と比較せよ．

注 この類題の趣旨については巻末の解答を参照．

基本 3.12 （客の割り振り） (a) 基本問題 3.11 で，M 室あるホテルに N 組の客のための部屋を確保する場合の数は，$\frac{M^N}{N!}$ であることを説明した（ただし $M \gg N$ とした）．M, N および $\frac{M}{N}$ が非常に大きいときの，この量の対数 S を求めよ（エントロピーと同じ記号 S を使うが，熱力学ではないので係数 k は 1 とする）．

(b) 今度は東館に M 室，西館に M' 室あるホテルに，東館に n 組，西館に $N-n$ 組の客のための部屋を確保する．そのときの，場合の数の対数 S を，問 (a) と同様の条件のもとで求めよ．

(c) 問 (b) の対数（エントロピー）を最大にする n を求めるために，微分がゼロという条件を計算する．最大となる条件は $n : N-n = M : M'$ であることを証明せよ（部屋の比率に等しく客を振り分けるということである）．

第3章　エントロピー——確率的な見方

答 基本 3.11 (a) 1室目の決め方は M 通り, 2室目は $M-1$ 通りだが M が非常に大きければ M 通り. このようにして N 室を決める仕方はほぼ M^N 通りだが, 部屋を決める順番は違っても結果は同じなので $N!$ で割れば与式が得られる. M 室のうちから N 室を選ぶ場合の数だとして

$$_M C_N = \frac{M!}{(M-N)!\,N!} = \frac{M(M-1)\cdots(M-N+1)}{N!} \fallingdotseq \frac{M^N}{N!}$$

だとしても, 同様である.

(b) 東館に n 室確保する仕方の場合の数は $\frac{M^n}{n!}$. 西館については $\frac{M^{N-n}}{(N-n)!}$ だから, 全体の場合の数はその積であり

$$\frac{M^N}{n!\,(N-n)!}$$

(c) 分子は共通だから分母だけを考えればよい.

$$(5,5) \text{ の場合の分母} = (5\cdot 4\cdot 3\cdot 2\cdot 1) \times (5\cdot 4\cdot 3\cdot 2\cdot 1)$$
$$(4,6) \text{ の場合の分母} = (4\cdot 3\cdot 2\cdot 1) \times (6\cdot 5\cdot 4\cdot 3\cdot 2\cdot 1)$$

5がなくなって6が増えた分, 後者が大きい. つまり場合の数は小さい.

(d) 問(c)と同様に, 半分ずつに分けた場合と比べれば, 半々からずれるほど分母が大きくなるのは明らか. つまり半分ずつ分けたときが最大.

答 基本 3.12 (a) スターリングの公式の第2項まで使うと

$$\log \frac{M^N}{N!} = \log M^N - \log N! = N\log M - (N\log N - N) = N\log \frac{M}{N} + N$$

(b) 求める場合の数は, 東館に n 組の部屋を確保する場合の数と, 西館に $N-n$ 組の部屋を確保する場合の数の積になる. そして対数は, それぞれの対数の和になるが, 各対数はすでに問(a)で計算してある. つまり全体のエントロピー S は

$$S = n\log \frac{M}{n} + (N-n)\log \frac{M'}{N-n} + N$$

(c) n で微分すると

$$\frac{dS}{dn} = \left(\log \frac{M}{n} - 1\right) - \left(\log \frac{M'}{N-n} - 1\right)$$

これがゼロであるための条件は

$$\log \frac{M}{n} = \log \frac{M'}{N-n} \quad \to \quad \frac{M}{n} = \frac{M'}{N-n}$$

これは, 確保した部屋数の比が, 各館の全部屋数の比に等しいという条件に他ならない.

基本 3.13（理想気体のエントロピーの体積依存性）体積 V の中に，気体分子 N 個を配置するときの場合の数は，$\dfrac{V^N}{N!}$ に比例すると考えられる理由を説明せよ．ただし N 個の気体分子はすべて同種だとする．ホテルの部屋を確保する問題との類推で考えよ．特に，$M \gg N$ という条件の役割，およびどの客をどの部屋に入れるかは考えない，という状況が，ここでは何に対応しているかを確認すること．

注　真正直に考えると場合の数は無限大になってしまいそうだが，エネルギーの分配についての，基本問題 3.9 での議論と同レベルで考えればよい．具体的な有限値を求めるには量子力学的発想が必要だが，ここではそこまでは考えない．

基本 3.14（理想気体のエントロピー … まとめ）(a) これまでの結果（上問と基本問題 3.9）を総合すると，理想気体のエントロピーは式 (3.12) で表されることを示せ．
(b) 温度とエネルギーの関係は，式 (3.10) と変わらないことを説明せよ．
(c) エントロピーを，エネルギー U の代わりに温度 T で表したらどうなるか．

基本 3.15（準静断熱過程）ポイント 2 で説明したように，現象の進行では全エントロピーは減少しない．したがって，可逆な過程（逆行可能な過程）があれば，全エントロピーはどちらの方向にも減少しないのだから，一定でなければならない．さらに，ある対象物（たとえば容器に入った気体）が，周囲のエントロピーに影響を与えずに可逆な変化をしたとすれば，その対象物自体のエントロピーが一定でなければならない．それが，第 2 章でも議論した準静断熱過程（膨張あるいは収縮）である．この過程では，体積 V を減らしてその分のエントロピーが減ると，エネルギー U，あるいは温度 T が増えて，エントロピーを一定に保つ．理想気体でのエントロピーの式から，準静断熱過程における V と U，あるいは V と T の関係を求めよ．それは第 2 章で求めた結果（基本問題 2.8）に一致しているか．

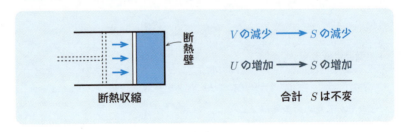

第3章 エントロピー ―― 確率的な見方

答 基本 3.13 (a) 体積 V の領域内に 1 個目を配置する方法の数は，V に比例するだろう．2 個目の配置方法も V に比例すると考えれば，N 個では V^N に比例することになる．分子の大きさは体積 V と比較して非常に小さいので，すでに何個か配置していても，その影響は受けないという前提の上での話である（条件 $M \gg N$ に相当する）．さらに，部屋の確保のときと同様に，順番を入れ替えても変わりはないので，$N!$ で割れば，与式が得られる．

注 $N!$ で割ることを**同種粒子効果**という．これはエネルギーの分配のときに考えてもよかったことだが，いずれにしろ 1 回だけ考慮しなければならない．異種の分子が混ざっているときは場合の数も異なり，その影響を混合のエントロピーと呼ぶが，それについては第 4 章で改めて議論する．

答 基本 3.14 (a) 場合の数はエネルギーの部分と位置の部分とを掛け合わせて（A は N に依存しうる比例係数）

$$\rho = A \times (\text{エネルギー分配の場合の数}) \times (\text{配置の場合の数})$$

となり，また，最後の因子の対数は

$$\log \frac{V^N}{N!} \fallingdotseq N \log V - (N \log N - N) = N \log \frac{V}{N} + N$$

これと，基本問題 3.10 の解答を組み合わせれば，式 (3.12) が導かれる．N に依存しない項や $\log N$ など，$N \to \infty$ の極限（物体の大きさを無限にする極限）で N に比べて無視できる項は無視している．その上で最後の項が N に比例するといえる理由は応用問題 3.2 を参照．

(b) 式 (3.6) や (3.7) の U 微分は，V は一定値（定数）と見ている．したがって V が関係する項が S に加わっても，U 微分は変わらない．

(c) U は T に比例するので，それを式 (3.12) に代入すれば，最後の「N に比例する項」の大きさが変わるだけである．

答 基本 3.15 エントロピーの関係する部分を書くと

$$S = k\alpha N \log U + kN \log V + (N \text{ のみに関係する項})$$
$$= kN \log(U^\alpha V) + (N \text{ のみに関係する項})$$

粒子数 N は一定だから，$S = $ 一定 という条件より

$$U^\alpha V = \text{一定} \quad \text{あるいは} \quad T^\alpha V = \text{一定}$$

となる．

応用問題 ※類題の解答は巻末

応用 3.1 （物体間でのエネルギーの分配とその揺らぎ） (a) エントロピーがそれぞれ，

$$S_A(U) = k\alpha N \log U + 定数, \qquad S_B(U) = k\alpha' N' \log U + 定数$$

と表される2つの物体 A と B（粒子数はそれぞれ N と N'）が熱的に接触している．全エネルギーが一定であるとき，熱平衡状態で各物体がもつエネルギー U_{A0} と U_{B0} を求めよ．
(b) 問 (a) の結果を，比熱という観点から説明せよ．
(c) エネルギーの分配が問 (a) で求めた値から少しずれているとき，すなわち

$$U_A = U_{A0} + u, \qquad U_B = U_{B0} - u$$

となっているとき，全エントロピーはどれだけ減っているか．ただし計算を簡単にするために，$\alpha = \alpha'$，$N = N'$ とする（つまり $U_{A0} = U_{B0} = U_0$）．また，揺らぎは小さい（$\frac{u}{U_0} \ll 1$）と仮定してよい（基本問題 3.2 でガウス分布を導いたときと同じ考え方である）．
(d) 問 (c) の結果から，揺らぎの確率について何がいえるか．

応用 3.2 （揺らぎの効果） 2つの物体全体の微視的状態数が式 (3.3) のように積の形で書けるのならば，その対数であるエントロピーは式 (3.5) のように，和の形に書ける．では，まったく同じ物体（あるいは気体）2つが熱的に接触しているとき，エントロピーがそれぞれのエントロピーの和になるだろうか．
(a) 式 (3.12) を使えば，体積 V，粒子数 N，エネルギー U を2倍にすると，エントロピーも2倍になることを示せ．
(b) 同じ物体を2つ接触させたとき，それぞれのエネルギーが同じである必要はない．それぞれのエネルギーを $U_0 + u$，$U_0 - u$ としたとき

$$\rho(U_0 + u) \times \rho(U_0 - u) \qquad (*)$$

という形の項の，すべての u に対する和（積分）が全微視的状態数になるはずである．だとすれば全エントロピーは，各物体のエントロピーの和よりも大きくなることはないのか．

第3章　エントロピー——確率的な見方

答 応用 3.1 (a) エントロピーの和
$$S_A(U_A) + S_B(U_B) = k\alpha N \log U_A + k\alpha' N' \log U_B + 定数$$
を $U_A + U_B = U_0$ という条件のもとで最大にしたい．U_A で微分すれば，$\frac{dU_B}{dU_A} = -1$ なので
$$U_A での微分 = \frac{k\alpha N}{U_A} - \frac{k\alpha' N'}{U_B}$$
これがゼロになるのが熱平衡状態だから，$U_{A0} : U_{B0} = \alpha N : \alpha' N'$．
(b) それぞれの物体の比熱は $k\alpha N$，$k\alpha' N'$ なので，全エネルギーは比熱に比例して分配されることになる．
(c) 対数の近似式（微小な x での展開式），$\log(1 \pm x) = \pm x - \frac{1}{2}x^2$ を使うと（基本問題 3.2 でも使った）
$$\log U_A = \log U_0\left(1 + \frac{u}{U_0}\right) = \log U_0 + \log\left(1 + \frac{u}{U_0}\right) \fallingdotseq \log U_0 + \frac{u}{U_0} - \frac{1}{2}\left(\frac{u}{U_0}\right)^2$$
同様に，$\log U_B \fallingdotseq \log U_0 - \frac{u}{U_0} - \frac{1}{2}\left(\frac{u}{U_0}\right)^2$．以上より，エントロピーの和 $= 2k\alpha N \log U_{A0} - k\alpha N\left(\frac{u}{U_0}\right)^2$．つまりエントロピーは $k\alpha N\left(\frac{u}{U_0}\right)^2$ だけ減っている．
(d) 微視的状態数でいえば，$\exp(-\alpha N\left(\frac{u}{U_0}\right)^2)$ の割合で減少する．N が膨大なときにこれがほぼゼロにならないためには，u がたかだか $\frac{U_0}{\sqrt{N}}$ 程度の大きさでなければならない．

答 応用 3.2 (a) 対数の中の比 $\frac{U}{N}$ や $\frac{V}{N}$ は，すべての量を 2 倍にしても変わらないので，すべての項が 2 倍になる．
(b) 応用問題 3.1 によれば，式 (∗) は
$$\exp\left(-\alpha N\left(\frac{u}{U_0}\right)^2\right)$$
のように，u が増えると急激に減少する．つまり $u = 0$ での値で代表できるが，それに対する補正として，上式を u で積分して出てくる $\frac{1}{\sqrt{N}}$ に比例する因子が出る．その対数を取れば $\log N$ に比例する項になるが，これは $U_0^{2\alpha N}$ の対数によって出てくる N に比例する項に比べれば無視できる．つまり揺らぎの効果は，対数にしたときは無視してよい．

応用 3.3 (エネルギーが整数になるモデル)　理解度のチェック 3.8 で考えた，エネルギーが $0, 1, 2, 3, \ldots$ というような 0 以上の整数で表される粒子の集団について，再度，議論しよう．

(a)　粒子が N 個，全エネルギーが U であるときの，場合の数は

$$\rho_N(U) = {}_{U+N-1}\mathrm{C}_U$$

であることを説明せよ．これは理解度のチェック 3.8 の答えに合っているか．たとえば $\rho_3(2)$ の場合に確かめよ．

ヒント　これは，$N-1$ 個を黒玉と U 個の白玉を並べる方法の数と同じである．黒玉が切れ目であり，黒と黒（または黒と両端）にはさまれた，N か所の白玉の数が，各粒子がもつエネルギーを表すと考えればよい．

(b)　この数の対数（エントロピー）を，$N \gg 1$, $U \gg 1$ という条件で，スターリングの公式を使って計算せよ．

(c)　エネルギーが大きい場合（$U \gg N$），このエントロピーは式 (3.9) の形をしていることを確かめよ．

応用 3.4 (2 準位のモデル)　量子力学でしばしば登場する別の例として，エネルギーが 2 つの値しかもてない粒子の集団を考えよう．そのエネルギーをゼロと $\varepsilon\,(>0)$ とする．

(a)　粒子数が N，全エネルギーが U（ε の整数倍）であるとする．$0 \leq U \leq N\varepsilon$ でなければならない理由を説明せよ．

(b)　微視的状態数 $\rho_N(U)$ を求めよ．

(c)　N および $\frac{U}{\varepsilon}$ が大きいときのエントロピーを求めよ．

(d)　U を温度 T の関数として求めよ．その式はどのように解釈できるか．

(e)　T が負になりうることを示せ，その理由を説明せよ．

注　たとえば粒子のスピンによるエネルギーがこのようになる．ただし他のエネルギーとのやり取りまで考えれば，現実には温度は負にならない．

類題 3.5　応用問題 3.3 の例で，温度とエネルギーの関係を求めよ．ただし $U \gg N$ の近似をせずに，問 (b) の結果を用いよ．各粒子がもつ平均エネルギーを温度の関数として求めよ．

ヒント　応用問題 3.4 の例と似た式になる．似ていることをはっきりさせるには，問 (b) の式の U を $n\,(= \frac{U}{\varepsilon})$ に置き換えておくとよい．可能なエネルギーを $0, \varepsilon, 2\varepsilon, 3\varepsilon, \ldots$ とすることに相当する．

答 応用 3.3 (a) 左ページの **ヒント** のように考えれば，これは $U+N-1$ 個並んでいる玉のうち，U 個を白玉にする場合の数に等しい．具体的には

$$_{U+N-1}C_U = \frac{(U+N-1)!}{U!(N-1)!}$$

なので，たとえば $N=3$, $U=2$ とすれば，$\frac{4!}{2!\,2!} = 6$ となり，$\rho_3(2)$ になる．

(b) $\log \frac{(U+N-1)!}{U!(N-1)!} \fallingdotseq (U+N-1)\log(U+N-1) - U\log U - (N-1)\log(N-1) \fallingdotseq (U+N)\log(U+N) - U\log U - N\log N$.

(c) 上式 $= N\log(\frac{U}{N}+1) + U\log(1+\frac{N}{U})$．ここで $\frac{U}{N} \gg 1$ だとすれば

$$上式 \fallingdotseq N\log\frac{U}{N} + U \times \frac{N}{U} = N\log\frac{U}{N} + (N に比例する項)$$

これは式 (3.9) の形になっている（ただし $\alpha = 1$）．

答 応用 3.4 (a) $U=0$ はすべての粒子のエネルギーがゼロである状態，$U=N\varepsilon$ はすべての粒子のエネルギーが ε の場合である．

(b) $\frac{U}{\varepsilon} = n$（整数）と書こう．$n$ は，エネルギー ε をもつ粒子の数（$\leqq N$）である．N 個のうちからそれだけの粒子を選び出す場合の数は

$$\rho_N(U) = {}_N C_n$$

(c) $\log\rho \fallingdotseq N\log N - n\log n - (N-n)\log(N-n)$．これの k 倍がエントロピー S である．

(d) $\frac{1}{T} = \frac{dS}{dU} = \frac{k}{\varepsilon}\frac{d\log\rho}{dn} = \frac{k}{\varepsilon}(-\log n + \log(N-n)) \rightarrow \frac{N-n}{n} = e^{\varepsilon/kT} \rightarrow U = n\varepsilon = \frac{N\varepsilon}{e^{\varepsilon/kT}+1}$．$P = \frac{1}{e^{\varepsilon/kT}+1}$ とすれば，これは各粒子がエネルギー ε の状態にいる確率を示す．$1-P$ が，エネルギー 0 の状態にいる確率である．

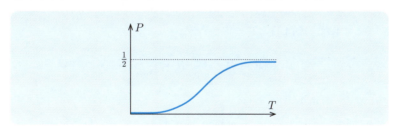

(e) T が増えると U も増えるが，$T\to\infty$ で $U\to\frac{N\varepsilon}{2}$，つまり最大値の半分である．$U$ をそれ以上にするには $T<0$ にしなければならない．通常の例とは異なり，U を増やすとかえって微視的状態数が減るからである（多くの粒子が ε という特定のエネルギーをもたなければならないので）．

第4章 平衡条件・自由エネルギー・化学ポテンシャル

ポイント

● **関数の微小変化** 1変数の関数 $y = y(x)$ で，x を Δx だけ微小に変えたときの変化 Δy は（Δx について2次以上の項を無視すると）

$$\Delta y = \frac{dy}{dx} \Delta x$$

2変数の関数 $z = z(x, y)$ で，x と y をそれぞれ Δx，Δy だけ微小に変えたときの変化 Δz は（微小量について2次以上の項を無視すると）（理解度のチェック 4.2）

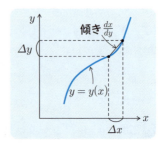

$$\Delta z = \left.\frac{\partial z}{\partial x}\right|_y \Delta x + \left.\frac{\partial z}{\partial y}\right|_x \Delta y \tag{4.1}$$

x の変化，y の変化それぞれが，右辺各項をもたらす．2次以上の項を無視する場合には，2つの変化の相乗効果は考える必要はない．

注 偏微分：たとえば $z = x^2 y$ という関数の場合，x で微分するか，y で微分するかの2通りの微分がある．そのうち $\left.\frac{\partial z}{\partial x}\right|_y$ は，y を定数とみなして x で微分するという意味である．偏微分と呼ばれるが，計算方法は普通の微分と変わらない．x^2 の微分は $2x$ だから，$\left.\frac{\partial z}{\partial x}\right|_y = 2xy$ となる．同様に，$\left.\frac{\partial z}{\partial y}\right|_x = x^2$ である．

● 一般に $z = z(x, y)$ の微小な変化が

$$\Delta z = A \Delta x + B \Delta y \tag{4.2}$$

と書けるとすれば，式 (4.1) より

$$A = \left.\frac{\partial z}{\partial x}\right|_y, \qquad B = \left.\frac{\partial z}{\partial y}\right|_x \tag{4.3}$$

である．またこれより，

$$\left.\frac{\partial A}{\partial y}\right|_x = \left.\frac{\partial B}{\partial x}\right|_y \tag{4.4}$$

となる．z を最初に x で，次に y で微分しても，あるいは最初に y で，次に x で微分しても結果は同じだからである（理解度のチェック 4.2）．この関係を，後出の式 (4.5) や式 (4.11) などに適用したものを，**マクスウェルの関係式**という．

第4章 平衡条件・自由エネルギー・化学ポテンシャル

● **熱力学第1法則** 内部エネルギー U を, エントロピー S と体積 V の2変数関数とみなせば

$$\Delta U = T\Delta S - P\Delta V \tag{4.5}$$

解説 U が S と V の関数として書けるとすれば (次々項参照), 式 (4.2) の形になるはずである. A と B を決めるには特殊例を考えればよい. まず式 (3.7) (つまり $\frac{\Delta S}{\Delta U} = \frac{1}{T}$) より, V を変えていない ($\Delta V = 0$) ときは $\Delta U = T\Delta S$ である. また準静断熱過程 ($\Delta S = 0$) のとき, $\Delta U = $ 仕事 $= -P\Delta V$ なので, 組み合わせれば上式が得られる.

● **熱と仕事** 式 (4.5) の右辺の2項は, 式 (1.4)

$$\Delta U = \text{外部から与えられた熱} + \text{外部から与えられた仕事}$$

の右辺各項と一致することもあるが (たとえば準静過程の場合 (仕事 $= -P\Delta V$)), 一致しない場合もある (理解度のチェック 4.6).

● **エントロピーの変化** 式 (3.4) によれば, エントロピー S は, U と V の変数として書ける. その微小な変化は, 式 (4.5) を書き換えて

$$\Delta S = \tfrac{1}{T} \Delta U + \tfrac{P}{V} \Delta V \tag{4.6}$$

となる. また式 (4.3) より

$$\left.\frac{\partial S}{\partial U}\right|_V = \frac{1}{T}, \qquad \left.\frac{\partial S}{\partial V}\right|_U = \frac{P}{T} \tag{4.7}$$

たとえば理想気体の場合には S が式 (3.12) で与えられているので, それを上式に代入すれば, 理想気体についてよく知られている2つの関係式が得られる (エネルギーの式と状態方程式 … 基本問題 4.1).

$$\begin{aligned}
&\text{理想気体の場合:} \\
&\left.\frac{\partial S}{\partial U}\right|_V = \frac{1}{T} \;\to\; U(-U_0) = m\alpha RT \;\to\; C_V = m\alpha R \\
&\left.\frac{\partial S}{\partial V}\right|_U = \frac{P}{T} \;\to\; PV = mRT
\end{aligned} \tag{4.8}$$

このように, エントロピー $S = S(U, V)$ の式には, その物質に関する熱力学的情報が含まれている.

注 $S = S(U, V)$ という式が具体的にわかれば, それを解いて $U = U(S, V)$ という形に書ける. それを式 (4.5) に使えば, やはり同じ2つの式が得られる (基本問題 4.1). しかし U を, S ではなく温度 T の関数として $U = U(T, V)$ と書いた場合にはそうはいかない (応用問題 4.1 参照).

第4章 平衡条件・自由エネルギー・化学ポテンシャル

● **熱力学第2法則** 何らかの影響を及ぼし合っているすべての系の全エントロピー S_0 は減少しない，平衡状態では S_0 は許される限りでの最大値を取るというのが第2法則（エントロピー非減少則）である．2つの系が熱的に接触している（エネルギーが移動しうる）場合，それは2系の温度が等しいことを意味し（式 (3.8)），境界が移動しうる場合は2系の圧力が等しいことを意味する．

● **温度が決まっている場合の第2法則** しかし現実には，粒子交換が起こりうる2系が，別の非常に大きな第3の系（**環境**あるいは**熱浴**という）に囲まれ，温度が（場合によっては圧力も）一定に保たれているという状況が多い．温度は環境との接触によって決まるが，2系間には粒子交換が起こるので，平衡状態における粒子の分配を求めたい．それを決める基準は次の2つの定理によって表される．

注 ここで2系とは，2つの分離した領域という場合もあるが，同じ領域に存在する液体成分と気体成分，あるいは化学反応前後の物質群といった例も含む．

定理1：温度と体積が決まっている系の平衡状態は，許されている条件のもとで，ヘルムホルツの自由エネルギーが最小という条件で決まる（基本問題 4.3）．

$$\text{ヘルムホルツの自由エネルギー：} \quad F = U - TS \tag{4.9}$$

解説 F を減らすには，U を減らすか（**エネルギー効果**），S を増やせば（**エントロピー効果**）よい．しかし S を増やすには U を増やす必要があるので，この2条件は相反する．ちょうどよくバランスのとれた状態が，実現する平衡状態である（理解度のチェック 4.7）．

定理2：温度と圧力が決まっている系の平衡状態は，許されている条件のもとで，ギブズの自由エネルギーが最小という条件で決まる（基本問題 4.3）．

$$\text{ギブズの自由エネルギー：} \quad G = F + PV = U - TS + PV \tag{4.10}$$

解説 ここでは，$U + PV$ を減らす効果と，S を増やす効果のバランスだと考えればよいが，通常は U に比べて PV の効果は小さい．$U + PV$ は**エンタルピー**（H と書く）と呼ばれ，次章以降で頻繁に登場する．

● ヘルムホルツの自由エネルギー F は，温度 T と体積 V の変数とみなすと

$$\Delta F = -S\,\Delta T - P\,\Delta V \tag{4.11}$$

と書ける．ギブズの自由エネルギー G は，温度 T と圧力 P の変数とみなすと

$$\Delta G = -S\,\Delta T + V\,\Delta P \tag{4.12}$$

と書ける（基本問題 4.4，類題 4.3）．式 (4.5)，式 (4.11)，式 (4.12) それぞれから，式 (4.3) や式 (4.4) に相当する式が導かれる（基本問題 4.4，類題 4.3）．

第4章 平衡条件・自由エネルギー・化学ポテンシャル

● **化学ポテンシャル** 粒子数 N も変数であるとみなすと，U などの関数は3変数の関数となる．そのとき式 (4.5) は

$$\Delta U = T\Delta S - P\Delta V + \mu \Delta N \tag{4.13}$$

と拡張される．μ は**化学ポテンシャル**と呼ばれ

$$\left.\frac{\partial U}{\partial N}\right|_{S,V} = \mu \tag{4.14}$$

である．S と V を定数とみなしての N による微分である．ΔF や ΔG の式にも同様に $\mu \Delta N$ という項が付く．化学ポテンシャルはギブズの自由エネルギーに比例することが示される（基本問題 4.6）．

$$G = N\mu \tag{4.15}$$

μ は実際には式 (4.13) を $\Delta S = \cdots$ と書き直し，S から計算する（基本問題 4.7）．

● **化学ポテンシャルと平衡条件** F や G を最小にするという条件は通常，対象物内の2つの系に粒子をどのように分配するかという問題に行き着く（左ページの **注** も参照）．そしてそれは，2つの系の化学ポテンシャル μ の大小を調べる問題になる（理解度のチェック 4.8）．粒子は μ の大きいほうから小さいほうに移動し，μ が等しくなると2系は平衡状態になる．等しくなりえないときは，すべての粒子が μ の小さいほうに移動する．その意味で化学ポテンシャルは力学的ポテンシャル（位置エネルギーのこと）と同様の性質をもつ（応用問題 4.3）．

● **多成分の混合** 分子間の相互作用を考えない理想気体であっても，異種の分子（たとえば酸素と窒素）が混ざっていると多くの量が変わる．たとえば，A, B, 2種の分子がそれぞれ N_A 個，N_B 個あり，エントロピーはどちらも同じ関数 $S(U, N)$ で書けるとしよう．全内部エネルギーが U である場合の全エントロピー $S_{AB}(U, N_A, N_B)$ は

$$S_{AB}(U, N_A, N_B) = S(U_A, N_A) + S(U_B, N_B) \tag{4.16}$$

ただし U_A と U_B は U を $N_A : N_B$ の比率で分けた値である．これは

$$S_{AB}(U, N_A, N_B) = S(U, N_A + N_B) + (混合のエントロピー) \tag{4.17}$$

という形にも書ける（基本問題 4.8）．混合物では化学ポテンシャルは A, B それぞれの粒子に対して定義され，式 (4.13) は次のようになる．

$$\Delta U = T\Delta S - P\Delta V + \mu_A \Delta N_A + \mu_B \Delta N_B \tag{4.18}$$

理解度のチェック　※類題の解答は巻末

理解 4.1　（1変数関数の微小変化）　(a) $y(x) = ax^2$ という関数を考える．変数 x が，x から $x + \Delta x$ まで変わるとき，y の変化量 Δy を計算せよ．
(b) Δx が微小だとし，Δy で Δx の2次以上の項を無視したらどうなるか（y の1次の変化量という）．それは微分による式と一致することを示せ．
(c) $y = \log x^a$ について（a は定数），x が微小量 Δx だけ変化したときの y の1次の変化量 Δy を，微分を使って求めよ．
(d) $y = e^{ax}$ だったらどうなるか．

理解 4.2　（2変数関数）　(a) 2変数の関数 $z(x,y) = x^2 y$ という関数を考える．x が $x + \Delta x$ に，y が $y + \Delta y$ に変化したときの z の変化量 Δz を計算せよ．
(b) z の，y を定数とみなしたときの x による微分（x による偏微分，つまり $\frac{\partial z}{\partial x}\big|_y$）と，$x$ を定数とみなしたときの y による微分（y による偏微分，つまり $\frac{\partial z}{\partial y}\big|_x$）を計算せよ．
(c) 問 (a) の Δz の1次の変化量を

$$\Delta z = A\,\Delta x + B\,\Delta y$$

と書くと，A と B はそれぞれ，問 (b) で計算した2つの偏微分に等しいことを確認せよ．
(d) $z = ax^2 \log y$ という関数を考える．x が微小量 Δx，y が微小量 Δy だけ変化したときの z の1次の変化量 Δz を偏微分によって求めよ．
(e) この z について，式 (4.4)（マクスウェルの関係式）を確かめよ．

類題 4.1　（積）　(a) 公式 $\Delta(xy) = y\,\Delta x + x\,\Delta y$ を証明せよ．
(b) 2つの関数の積 $f(x)g(x)$ について

$$\Delta(fg) = \left(f\frac{dg}{dx} + g\frac{df}{dx}\right)\Delta x$$

を証明せよ．

理解 4.3　（合成関数）　(a) y は x の関数（$y = y(x)$），z は y の関数（$z = z(y)$）だとする．x を Δx だけ変化させたときの z の1次の変化量 Δz を，微分を使って表せ．
(b) $y = x^2$，$z = \log y$ のとき，問 (a) で求めた式を計算せよ．
(c) 問 (b) の場合に z を x の関数として表せ．そして，その結果を使って Δz を求めよ．

第 4 章 平衡条件・自由エネルギー・化学ポテンシャル

答 理解 4.1 (a) $\Delta y = y(x+\Delta x) - y(x) = a(x+\Delta x)^2 - ax^2 = 2ax\,\Delta x + a(\Delta x)^2$.
(b) 上式で Δx の 2 次の項を無視すれば，$\Delta y\,(1\,次) = 2ax\,\Delta x$．$2ax = \frac{dy}{dx}$ だから，$\Delta y = \frac{dy}{dx}\,\Delta x$ となっている．
(c) $y = a\log x$ だから，$\frac{dy}{dx} = \frac{a}{x}$．したがって 1 次の変化量は
$$\Delta y = \frac{a}{x}\,\Delta x$$
(d) $\frac{dy}{dx} = ae^{ax} = ay$ だから，$\Delta y = ae^{ax}\,\Delta x = ay\,\Delta x$．

答 理解 4.2 (a)
$$(x+\Delta x)^2(y+\Delta y) = (x^2 + 2x\,\Delta x + (\Delta x)^2)(y+\Delta y)$$
$$= x^2 y + 2xy\,\Delta x + x^2\,\Delta y + 2xy\,\Delta x\,\Delta y + y(\Delta x)^2 + (\Delta x)^2\,\Delta y$$
より
$$\Delta z = z(x+\Delta x, y+\Delta y) - z(x,y) = (x+\Delta x)^2(y+\Delta y) - x^2 y$$
$$= 2xy\,\Delta x + x^2\,\Delta y + 2xy\,\Delta x\,\Delta y + y(\Delta x)^2 + (\Delta x)^2\,\Delta y$$
(b) $\left.\frac{\partial z}{\partial x}\right|_y = 2xy$，$\left.\frac{\partial z}{\partial y}\right|_x = x^2$．
(c) 問 (a) より，$A = 2xy$，$B = x^2$．これらは，問 (b) で計算した 2 つの偏微分にそれぞれ一致する．
(d) 問 (c) と同様に $\Delta z = A\,\Delta x + B\,\Delta y$ と書けば，
$$A = \left.\frac{\partial z}{\partial x}\right|_y = 2ax\log y, \qquad B = \left.\frac{\partial z}{\partial y}\right|_x = \frac{ax^2}{y}$$
(e) 両辺とも $\frac{2ax}{y}$ となり等しい．

答 理解 4.3 (a) 1 次の関係として
$$\Delta y = \frac{dy}{dx}\,\Delta x, \qquad \Delta z = \frac{dz}{dy}\,\Delta y$$
なので，組み合わせれば，$\Delta z = \frac{dz}{dy}\frac{dy}{dx}\,\Delta x$．
(b) $\frac{dz}{dy} = \frac{1}{y}$，$\frac{dy}{dx} = 2x$ だから
$$\Delta z = \frac{1}{y}\,2x\,\Delta x = \frac{2}{x}\,\Delta x$$
(c) $z = \log x^2 = 2\log x$ だから，$\frac{dz}{dx} = \frac{2}{x}$．したがって問 (b) の結果は $\Delta z = \frac{dz}{dx}\,\Delta x$ という式に他ならない．

注 一般的に成り立つ合成関数の微分公式
$$\frac{dz}{dx} = \frac{dz}{dy}\frac{dy}{dx}$$
を確かめる問題である．2 変数の場合は応用問題 4.1 を参照．

理解 4.4 （熱） 熱力学では，熱はエネルギー移動の1つの形（**移動量**）として定義されており，物体が熱 Q という量（**状態量**）をもつとは考えない．しかし仮に物体が熱 Q という量をもち，熱の移動がその変化 ΔQ と書けたとしよう．すると

$$\Delta U = \Delta Q - P\Delta V$$

となるが，この式はマクスウェルの関係式 (4.4) と矛盾していることを示せ．

ヒント $\Delta Q = \cdots$ という形にして考えよ．

理解 4.5 （示量変数と示強変数） 熱力学の状態量には**示量変数**と**示強変数**がある．示量変数とはまったく同じ物体を2つ並べて1つの物体だと考えると2倍になる量，示強変数とは，そうしても変わらない量である．
(a) これまで登場した量を分類せよ．
(b) 示強変数と示量変数の積はどちらになるか．これまで登場した例をあげよ．
(c) 2つの示量変数の比はどちらになるか．

理解 4.6 （第1法則の2表現） 熱力学第1法則の2つの表式

$$\Delta U = T\Delta S - P\Delta V \qquad (*)$$
$$\Delta U = （外部から与えられた熱）+（外部から与えられた仕事） \qquad (**)$$

について，次の過程で右辺の各項がそれぞれ一致しているか考えよ．一致していない場合，大小関係を考えよ（この問題は基本問題 4.2 でも定量的に扱う）．
(a) 気体を準静的（つまり可逆に）かつ断熱的に圧縮する．
(b) 同じ気体を，より強く急激に（可逆ではない），かつ断熱的に圧縮する．
(c) 理想気体を準静的（つまり可逆に）かつ温度を保って圧縮する（周囲に熱を放出している）．話を簡単にするために理想気体に限定する．
(d) 同じ理想気体を，より強く急激に（可逆ではない）で圧縮し，後で温度を最初に戻す．

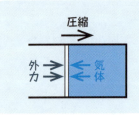

第 4 章　平衡条件・自由エネルギー・化学ポテンシャル　　89

答 理解 4.4　左ページの ヒント どおりにすると

$$\Delta Q = \Delta U + P \Delta V$$

したがって，式 (4.2) では $A = 1$，$B = P$ である．しかし，たとえば理想気体では

$$\left.\frac{\partial 1}{\partial V}\right|_U = 0, \qquad \left.\frac{\partial P}{\partial U}\right|_V \neq 0$$

なので，式 (4.4) を満たしていない．

答 理解 4.5　(a)　示量変数：U, S, V, N, m（モル数），F, G．示強変数：T, P, μ．
(b)　示量変数．たとえば理想気体の状態方程式 $PV = mRT\ (= NkT)$ では，両辺とも示強変数（P と T）および示量変数（V と m または N）の積である．
(c)　示強変数．微分，たとえば $\frac{dS}{dU}$ も示量変数 ΔS と ΔU の比であり答えは示強変数．

答 理解 4.6　(a)　可逆かつ断熱なので $\Delta S = 0$ だから，式 (∗) は $\Delta U = -P\Delta V$．また断熱的なので 熱 $= 0$ だから，式 (∗∗) は $\Delta U =$ 仕事．準静的なので 仕事 $= -P\Delta V$ だから，各項それぞれが一致している．
(b)　不可逆なので $\Delta S > 0$ だから，式 (∗) は $\Delta U > -P\Delta V$ を意味する．また，断熱的なので 熱 $= 0$ だから，$\Delta U =$ 仕事．つまり 熱 $< T\Delta S$，仕事 $> -P\Delta V$ である．問 (a) よりも大きな力（気体の圧力よりも大きな力）で圧縮しているのだから，仕事が大きいのも当然である．
(c)　理想気体なので，温度が一定ならば $\Delta U = 0$．したがって式 (∗) は $T\Delta S = P\Delta V$ を意味する．また式 (∗∗) は 熱 $=$ 仕事 を意味する．準静的なので 仕事 $= -P\Delta V$ になるから，熱 $= T\Delta S$ となる．
(d)　$\Delta U = 0$ なので式 (∗) は $T\Delta S = P\Delta V$，式 (∗∗) は 仕事 $= -$熱 を意味する（熱は外部に出ていっているので負）．また準静的ではないので，仕事 $> -P\Delta V$．したがって，熱 $< T\Delta S$．ただしどちらも負なので $|$熱$| > T|\Delta S|$．

理解 4.7 (エントロピー効果とエネルギー効果) 一定の温度における物質の平衡状態は，自由エネルギーを最小にするという条件で決まる．そしてそれは，エントロピー効果（対象物のエントロピーを増す方向に変化しようとする効果）とエネルギー効果（対象物のエネルギーを放出する方向に変化しようとする効果）のバランスで決まる．また，高温ではエントロピー効果が優勢であり（S の項には係数 T が掛かっているため），低温ではエネルギー効果が優勢である．このことから，次の現象を説明せよ．
(a) 融点よりも高温では物質は液体になり，低温では物質は固体になる．
(b) 沸点よりも高温では物質は気体になり，低温では液体になる．
(c) 水分子との結合が弱い分子からなる物質（固体）でも，高温になると水に溶けやすくなる．
(d) 地表上の気体は高度が高いと気圧が下がる．しかし温度が高いと，その下がり方は減る（応用問題 4.3 参照）．

理解 4.8 (化学ポテンシャル) (a) 2つの系が接触しエネルギーが移動可能なとき（熱的接触），全エントロピーを増すためには，エネルギーの移動は高温側から低温側へと起こる（第3章参照）．同様に，粒子の移動が可能なとき（**拡散的接触**あるいは**物質的接触**という），移動の方向と化学ポテンシャルの大小との関係を説明せよ．

ヒント エネルギーの移動も境界の移動もないとして（$\Delta U = \Delta V = 0$），式 (4.13) より，$\Delta S = -\frac{\mu}{T}\Delta N$ と考えてよい．

(b) この2つの系が環境の中に置かれ温度が定まっているとき，自由エネルギーを減らすという条件から，粒子の移動方向について考えよ．

理解 4.9 (混合の効果) 次の場合，どちらのエントロピーが大きいか．
(a) 容器中の気体の分子がすべて同種の場合と，2種類ある場合．
(b) 同じ状態の同種の気体が入っている2つの容器を単に並べた場合と，その境界を取り除いた場合．
(c) 問 (b) で，気体が異種である場合．

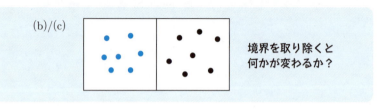

第4章 平衡条件・自由エネルギー・化学ポテンシャル

答 理解 4.7 (a) 固体では原子が規則正しく配列しているので結合が強くエネルギーは低い．一方，液体では原子が比較的自由に動け，広い範囲を分子が動き回るのでエントロピーは大きい．したがって低温ではエネルギー効果により固体になり，高温ではエントロピー効果により液体になる．
(b) ほとんど問 (a) と同様である．気体は液体よりもさらにエントロピーが大きいが，分子間の力は働いていないのでエネルギーは高い．
(c) 水分子との結合が弱い分子が水の中に入り込むと全体のエネルギーは高くなる．しかし分子は広い範囲に広がっていたほうが，つまり混ざっていたほうがエントロピーが大きくなる．したがって高温になるとエントロピーがきいて溶けやすくなる．
(d) 気体分子は全体に一様に広がっていたほうが微視的状態数つまりエントロピーが大きい（第3章）．しかし高度が低いほうが位置エネルギーは低い．したがって高温のほうがエントロピー効果によって一様に近くなる．

答 理解 4.8 (a) 2つの系を A, B とし，それぞれの粒子数を N_A, N_B, 化学ポテンシャルを μ_A, μ_B とする．$S_A(N_A) + S_B(N_B)$ を大きくしたい．ただし $N_A + N_B = N_0$ は一定である．すると $\Delta N_B = -\Delta N_A$ なので，全エントロピーの変化は

$$\Delta(S_A + S_B) = -\frac{\mu_A}{T}\Delta N_A - \frac{\mu_B}{T}\Delta N_B = -\frac{1}{T}(\mu_A - \mu_B)\Delta N_A$$

これが正であるという条件より，$\mu_A > \mu_B$ ならば $\Delta N_A < 0$．つまり μ が大きいほうから小さいほうへ粒子は移動する．
(b) 温度も体積も一定ならば $\Delta F = +\mu \Delta N$．したがって

$$\Delta(F_A + F_B) = \mu_A \Delta N_A + \mu_B \Delta N_B = (\mu_A - \mu_B)\Delta N_A$$

これが負であるためには，$\mu_A > \mu_B$ ならば $\Delta N_A < 0$．問 (a) と同様になる（問 (b) の条件は $\Delta T = \Delta V = 0$ なので，問 (a) の条件よりもわかりやすいだろう）．

答 理解 4.9 (a) 2種類あれば，どの分子をどちらにするかの違いで微視的状態数が増えるので，エントロピーは増える．
(b) 同種であり状態も同じならば，境界の有無は何も影響しない．
(c) 境界を取り除くと，両方の容器からの拡散が起こる．つまりエントロピーは増大する．

基本問題

基本 4.1 (エントロピーから求める) (a) 前章で与えた理想気体のエントロピーの式 (3.12) は，(比熱が一定である領域において) 理想気体について完全な情報を含んでいるといわれる．それは，この式から理想気体の状態方程式もエネルギーの式も得られるからである．そのことを，式 (4.7) から示せ．

(b) 同じことを，式 (4.5)

$$\Delta U = T\Delta S - P\Delta V \qquad (*)$$

を使って示すには，式 (3.12) を書き換えた，U を S と V で表す式を使って計算する必要がある．それを実行せよ．$\log U = \cdots$ として $\frac{\partial \log U}{\partial S} = \frac{1}{U}\frac{\partial U}{\partial S}$ という式を使う．

⚫ **注** この議論では，U が S と V の関数として表されていることが重要である．従来の，U を T によって表す式ではうまくいかない．応用問題 4.1 を参照．

類題 4.2 (エントロピーを求める) 上問とは逆に，第 1 法則と，理想気体の状態方程式，および $U = \alpha mRT$ という式から出発すると，理想気体のエントロピーの形がどのように決まるか (この問題の一部は基本問題 3.7 で扱った)．

基本 4.2 (第 1 法則の 2 表現) 理解度のチェック 4.6 で考えた問題を定量的に議論しよう．

(a) 気体を準静的かつ断熱的に，微小量 ΔV (< 0) だけ圧縮したときのエントロピー変化 ΔS を第 1 法則から求めよ．それは S の式 (3.12) と合致しているか．

(b) 気体の圧力 P より大きい圧力 P_0 で，微小量 ΔV だけ断熱的に圧縮したときの ΔS を求めよ．エントロピー非減少則を満たしているか．

(c) 理想気体を準静的かつ等温 ($\Delta U = 0$) で，V_1 から V_2 に圧縮する．ΔS を第 1 法則から求めよ．それは，S の式 (3.12) と合致しているか．エントロピー非減少則を満たしているか (等温過程なので $\Delta V = V_2 - V_1$ (< 0) を微小と限定せずに計算できる)．

(d) 気体の圧力 P より大きい圧力 P_0 で，微小量 ΔV だけ急激に圧縮し，最終的に温度を元の温度に戻した．全エントロピーの変化が正であることを示せ．熱浴のエントロピーの変化は $\frac{熱}{T}$ である．

第 4 章　平衡条件・自由エネルギー・化学ポテンシャル

答 基本 4.1 (a) 式 (3.12) の S を使えば，式 (4.7) の第 1 式は
$$\frac{k\alpha N}{U} = \frac{1}{T} \quad \to \quad U = N\alpha kT$$
第 2 式は
$$\frac{kN}{V} = \frac{P}{T} \quad \to \quad PV = NkT \, (= mRT)$$
(b) 問題の式 (∗) より
$$\left.\frac{\partial U}{\partial S}\right|_V = T, \qquad \left.\frac{\partial U}{\partial V}\right|_S = -P$$
一方，式 (3.12) を書き換えると
$$\log \frac{U}{N} = -\frac{1}{\alpha} \log \frac{V}{N} + \frac{S}{\alpha k N} - \frac{c}{\alpha}$$
したがって
$$\frac{1}{U}\left.\frac{\partial U}{\partial S}\right|_V = \frac{1}{\alpha k N} \quad \to \quad U = \alpha k N \left.\frac{\partial U}{\partial S}\right|_V = \alpha k N T$$
$$\frac{1}{U}\left.\frac{\partial U}{\partial V}\right|_S = -\frac{1}{\alpha V} \quad \to \quad VP = -V\left.\frac{\partial U}{\partial V}\right|_S = \frac{U}{\alpha} = kNT$$

答 基本 4.2 (a) 準静的ならば 仕事 $= -P\Delta V$ であり断熱的ならば 熱 $= 0$，つまり $\Delta U =$ 仕事 なので，$T\Delta S = \Delta U + P\Delta V = 0$. また，準静断熱変化では $\Delta S = 0$ となるように U と V の関係が決まる（基本問題 3.15）ので，式 (3.12) と当然，合致する．
(b) $\Delta U =$ 仕事 という点では問 (a) と同じだが，仕事 $= -P_0 \Delta V$ である．したがって
$$T\Delta S = \Delta U + P\Delta V = -(P_0 - P)\Delta V$$
$\Delta V < 0$, $P_0 > P$ より，$\Delta S > 0$ となっていることがわかる．
(c) 任意の微小変化に対して $T\,dS = P\,dV$ なので，
$$T\Delta S = T\!\int\! dS = \int\! P\,dV = mRT\!\int\! \frac{1}{V}dV = mRT \log \frac{V_2}{V_1}$$
これより $\Delta S = mR \log \frac{V_2}{V_1}$. $U=$ 一定 なので，これは式 (3.12) から計算しても同じである．$\Delta S < 0$ だが，熱を受け取った周囲（環境）のエントロピーが同じだけ増えているので全エントロピー変化はゼロ．
(d) 理解度のチェック 4.6 (d) より $|熱| > T|\Delta S|$. したがって
$$全エントロピー変化$$
$$= 熱浴のエントロピー変化 + 気体のエントロピー変化$$
$$= \frac{|熱|}{T} + \Delta S > 0$$

第 4 章 平衡条件・自由エネルギー・化学ポテンシャル

基本 4.3（環境内の系の平衡条件） (a) ポイント（84 ページ）であげた 2 つの定理を証明しよう．対象物が非常に大きな環境に囲まれている．対象物のエントロピーを $S(U)$，環境のエントロピーを $S_e(U_0 - U)$ と書く．U_0 は全エネルギー（＝一定）であり，U を変えて全エントロピー

$$S_e(U_0 - U) + S(U)$$

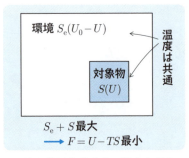

を最大にしたい．$U_0 \gg U$ であるとして S_e を 1 次の展開をすると，定理 1 が得られることを示せ．

(b) 問 (a) で，エネルギーばかりでなく対象物と環境の境界も移動する場合を考えると，定理 2 が導かれることを示せ．

ヒント 環境のエントロピーを U と V の関数と考え，対象物の体積が増えるとその分，環境の体積は減るとして

$$S_e(U_0 - U, V_0 - V) + S(U, V)$$

を最大にすることを考えればよい．

基本 4.4（自由エネルギーの微小変化） (a) F の定義式 $F = U - TS$ と式 (4.5) より，式 (4.11) を導け．
(b) F の偏微分についての式を書け．
(c) ΔF から導かれるマクスウェルの関係式を書け．

類題 4.3 ギブズの自由エネルギーについて，上問と同じ問いに答えよ．

基本 4.5（ルジャンドル変換） U と F では T と S の役割が入れ替わっている．また F と G では P と V の役割が入れ替わっている．これらは次の変換の一例である．関数 $y = y(x)$ に対して $p = \frac{dy}{dx}$ とする．p も x の関数だが，それを逆に解いて，x を $x = x(p)$ というように p の関数とみなす．そして

$$Y = y - px \qquad (*)$$

を p の関数とみなすと $\frac{dY}{dp} = -x$ であることを示せ（$\frac{dy}{dx} = p$ と比較すれば，y と Y では x と p の役割が入れ替わっている．式 (*) をルジャンドル変換という）．

第 4 章　平衡条件・自由エネルギー・化学ポテンシャル

答 基本 4.3　(a)　U を「微小量」とみなして 1 次まで考えると

$$S_e(U_0 - U) - S_e(U_0) = \frac{\partial S_e}{\partial U_0}(-U)$$

である．環境の温度が U 程度のエネルギー変化では変わらないとすれば，$\left(\frac{\partial S_e}{\partial U_0}\right)^{-1}$ は環境の温度であり，それは熱平衡にある対象物の温度 T に等しい．したがって，

$$S_e(U_0 - U) + S(U) = S_e(U_0) - \frac{1}{T}U + S = 定数 - \frac{1}{T}(U - TS)$$

つまり全エントロピーを最大にするには，$F = U - TS$ を最小にすればよい．

注　U は実際には微小量とはいえないが，$S_e(U) \propto \log U$ という形の場合には，$S_e(U_0 - U)$ を U で展開すると，実際は比 $\frac{U}{U_0}$ で展開することになり，$U_0 \gg U$ ならば 2 次以上の項は無視できる． ●

(b)　2 変数関数の展開として考えれば

$$S_e(U_0 - U, V_0 - V) - S_e(U_0, V_0) = \frac{\partial S_e}{\partial U_0}(-U) + \frac{\partial S_e}{\partial V_0}(-V)$$
$$= -\frac{1}{T}U - \frac{P}{T}V = -\frac{1}{T}(U + PV)$$

T や P は環境の温度と圧力だが，それと平衡状態にある対象物の温度と圧力でもある．したがって

$$S_e(U_0 - U, V_0 - V) + S(U, V) = 定数 - \frac{1}{T}(U + PV - TS)$$

これを最大にするには $G = U + PV - TS$ を最小にすればよい．

答 基本 4.4　(a)　$\Delta(TS) = T\Delta S + S\Delta T$ であることに注意すれば（類題 4.1）

$$\Delta F = \Delta U - \Delta(TS) = (T\Delta S - P\Delta V) - (T\Delta S + S\Delta T) = 式 (4.12)$$

(b)　式 (4.3) より，$\frac{\partial F}{\partial T}\big|_V = -S$, $\frac{\partial F}{\partial V}\big|_T = -P$．

(c)　式 (4.4) より，$\frac{\partial S}{\partial V}\big|_T = \frac{\partial P}{\partial T}\big|_V$．

答 基本 4.5　y は x の関数だが，x を p の関数と見ているので，y は p の合成関数である．したがって合成関数の微分公式より

$$\frac{dy}{dp} = \frac{dy}{dx}\frac{dx}{dp} = p\frac{dx}{dp}$$

また

$$\frac{d(px)}{dp} = x\frac{dp}{dp} + p\frac{dx}{dp} = x + p\frac{dx}{dp}$$

したがって，

$$\frac{dY}{dp} = -x$$

基本 4.6 （G と μ の関係） (a) $G = N\mu$ であることを説明せよ．特に，なぜ G なのかを考えよ．

ヒント 示量変数と示強変数の違いを考える．

(b) 粒子数 N が一定ならば，式 (4.12) より

$$\Delta \mu = -\frac{S}{N} \Delta T + \frac{V}{N} \Delta P$$

である．この式から，μ を T と P の関数として書いたとき，μ は T あるいは P の増加関数か減少関数かを考えよ．また液体と気体とでは，その変化率はどう違うかを考えよ．

基本 4.7 （簡易モデル） (a) エントロピーが，α を定数として

$$S = \alpha N \log U + (N \text{ に依存する項})$$

と表される（仮想上の）系があったとする．体積は，ある一定の大きさであり変化しないとして考えない．S が示量変数であるという条件から，（N に依存する項）について何がいえるか．

(b) 自由エネルギー $U - TS$ を求めよ．

ヒント 体積は考えていないので F でも G でも同じである．

(c) 化学ポテンシャル μ を S から求める式を考え，それを使って μ を求めよ．

(d) $G = N\mu$ という式が成り立っていることを確かめよ．

基本 4.8 （理想気体の化学ポテンシャル） 理想気体の場合，エントロピー (3.12) を使えば，化学ポテンシャルは

$$\mu = kT \big(\log P - (\alpha + 1) \log kT + 定数 \big)$$

という形になる．これを，上問 (c) で得た関係式を使って求めよ．

ヒント 微分をした後，$U = N\alpha kT$，$V = \frac{NkT}{P}$ を使って，U と V を消去する．

類題 4.4 （理想気体の自由エネルギー） (a) 理想気体のエントロピー (3.12) から，ヘルムホルツの自由エネルギー F を，T と V の関数として求めよ．

(c) 同様に，ギブズの自由エネルギー G を，T と P の関数として求めよ．

(d) 上問の結果と比較して，$G = N\mu$ という関係を確認せよ．

注 ΔF や ΔG の式からわかるように，F は T と V，G は T と P で表すのが自然な表式である．

第4章 平衡条件・自由エネルギー・化学ポテンシャル

答 基本 4.6 (a) N も変数と考えた場合, G は 3 変数の関数だが, それを T, P, N に選んだとしよう. このうち示量変数は N だけだから, 示量変数である G は N に比例していなければならない. つまり, g を T と P の何らかの関数として

$$G = Ng(T, P) \qquad (*)$$

一方, $\Delta G = -S\Delta T + V\Delta P + \mu\Delta N$ より

$$\left.\frac{\partial G}{\partial N}\right|_{T,P} = \mu$$

式 $(*)$ を上式に代入すれば $g = \mu$ となる (U も F も N で偏微分すれば μ になるが, そのとき一定とする変数は T と P ではないので, この議論が使えない).
(b) $\frac{V}{N} > 0$ なので, P が増えれば μ も増える (P の増加関数). 気体のほうが V が圧倒的に大きいので, μ の増え方も大きい. また $S > 0$ なので, μ は T の減少関数である. 気体のほうが S が大きいので, 減り方も大きい (ただし極低温で量子効果により増加関数になることもある).

答 基本 4.7 (a) c をある定数として, S 全体が

$$S = \alpha N \log \frac{U}{N} + cN$$

という形をしていればよい. U と N を a 倍すると, S も a 倍となる.
(b) $T = \left(\frac{\partial S}{\partial U}\right)^{-1} = \frac{\alpha N}{U}$ だから, $U = \alpha NT$. したがって

$$G = U - TS = \alpha NT - T\bigl(\alpha N \log(\alpha T) + cN\bigr) = -\alpha NT \log \alpha T + (\alpha - c)NT$$

(c) 式 (4.13) より

$$\Delta S = \frac{1}{T}\Delta U + \frac{P}{T}\Delta V - \frac{\mu}{T}\Delta N \quad \to \quad \frac{\mu}{T} = -\left.\frac{\partial S}{\partial N}\right|_{U,V}$$

この式に与式の S を代入すれば

$$\mu = -T\bigl(\alpha \log \frac{U}{N} - \alpha + c\bigr) = -\alpha T \log(\alpha T) + (\alpha - c)T$$

(d) 以上の結果より明らか.

答 基本 4.8 式 (3.12) を次のように書く (c は定数)

$$S = k\alpha N \log \frac{U}{N} + kN \log \frac{V}{N} + cN$$

$$\to \quad \mu = -T\left.\frac{\partial S}{\partial N}\right|_{U,V}$$
$$= -kT(\log \frac{V}{N} - 1) - \alpha kT(\log \frac{U}{N} - 1) - ckT$$
$$= -kT\bigl(\log k\frac{T}{P} + \alpha \log \alpha kT - (1 + \alpha - c)\bigr)$$

これは与式の形になる.

基本 4.9 （混合のエントロピー） (a) 容器の気体中に N 個の分子があるとする．すべて同種の場合と，A, B 2 種類の分子が N_A 個，N_B 個ずつある場合（$N = N_A + N_B$）とでは，微視的状態数はどれだけ異なるか．

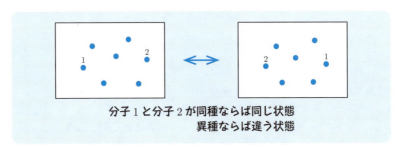

分子 1 と分子 2 が同種ならば同じ状態
異種ならば違う状態

(b) エントロピーはどれだけ異なるか（これを，混合によって生じるエントロピーという意味で**混合のエントロピー**という）．
(c) 理想気体のエントロピーの公式 (3.12) を使って，ポイントの式 (4.17) が式 (4.16) に等しいことを示せ．

類題 4.5 （多成分の場合） n 種類の粒子がそれぞれ $N_1 \sim N_n$ 個あった場合の混合のエントロピーを求めよ．

基本 4.10 （気体の混合） 容器 A と容器 B に，温度も圧力も等しい，異種の気体が入っているとする．2 つの容器を並べて境界を取り除くと混合が起こる．理想気体ならば分子間の相互作用は考えないので，混合とは単に，それぞれの容器の気体が全体に拡散するプロセスと考えられる．拡散によるエントロピーの増加を計算し，それが上問の混合のエントロピーに等しいことを確かめよ．

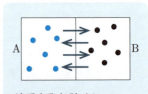

境界を取り除くと
拡散が起こる（自由膨張）

基本 4.11 （2 成分のエントロピーと化学ポテンシャル） 式 (4.17) より，各分子の化学ポテンシャルを計算せよ．すべての同種の場合と比べてどれだけ異なるか．

第4章　平衡条件・自由エネルギー・化学ポテンシャル

答 基本 4.9 (a) 分子の違いを除けばまったく同じ微視的状態でも，N 個のうちのどの N_A 個が分子 A であるかで，それぞれ異なる状態ができる．その数は ${}_N\mathrm{C}_{N_A}$ である．

(b) $k \log {}_N\mathrm{C}_{N_A}$ だけエントロピーが増える．この式のスターリングの公式による計算はすでに他の問題でもしたが（たとえば基本問題 3.2），$N_A + N_B = N$ に注意すると

$$\log {}_N\mathrm{C}_{N_A} = \log N! - \log N_A! - \log N_B! \fallingdotseq N \log N - N_A \log N_A - N_B \log N_B$$
$$= N_A \log \tfrac{N}{N_A} + N_B \log \tfrac{N}{N_B}$$

(c) 式 (3.12) 右辺の第 1 項に関しては（$\frac{U}{N} = \frac{U_A}{N_A} = \frac{U_B}{N_B}$ を使うと）

$$\alpha N \log \tfrac{U}{N} = \alpha N_A \log \tfrac{U_A}{N_A} + \alpha N_B \log \tfrac{U_B}{N_B}$$

また右辺の第 2 項に関しては

$$N \log \tfrac{V}{N} = N_A \log\bigl(\tfrac{V}{N_A} \cdot \tfrac{N_A}{N}\bigr) + N_B \log\bigl(\tfrac{V}{N_B} \cdot \tfrac{N_B}{N}\bigr)$$
$$= N_A \log \tfrac{V}{N_A} + N_B \log \tfrac{V}{N_B} - \bigl(N_A \log \tfrac{N}{N_A} + N_B \log \tfrac{N}{N_B}\bigr)$$

問 (b) の混合のエントロピーを加えれば，右辺の負の項は打ち消し合って消える．したがって式 (4.17) は式 (4.16) になる．

答 基本 4.10 拡散により，$\log V_A$ が $\log V$ に，$\log V_B$ が $\log V$ に増えるのだから（各成分のエネルギーは変わらない）

$$\text{エントロピーの増加} = k\bigl(N_A \log \tfrac{V}{V_A} + N_B \log \tfrac{V}{V_B}\bigr)$$

温度も圧力も変わらないので，$\frac{V}{V_A} = \frac{N}{N_A}$，$\frac{V}{V_B} = \frac{N}{N_B}$ だから，これは混合のエントロピーに等しい．

答 基本 4.11 式 (4.17) から μ_A を計算する場合，N_B は定数とみなして N_A で微分しなければならない．したがって式 (4.17) 項の右辺第 1 項の N_A による微分は N ($= N_A + N_B$) での微分と同じであり，基本問題 4.8 の μ そのままが得られる．第 2 項の混合のエントロピー（$S_\text{混}$ と書く）の N_A 微分が，混合の効果になる．$S_\text{混} = kN_A \log \tfrac{N}{N_A} + kN_B \log \tfrac{N}{N_B}$ であり $\frac{\partial N}{\partial N_A} = 1$ であることに注意すれば，混合による μ の変化は

$$\mu_A - \mu = T \left.\tfrac{\partial S_\text{混}}{\partial N_A}\right|_{N_B}$$
$$= kT\bigl(\log \tfrac{N}{N_A} + N_A\bigl(\tfrac{1}{N} - \tfrac{1}{N_A}\bigr) + \tfrac{N_B}{N}\bigr) = kT \log \tfrac{N}{N_A} = -kT \log x_A$$

ただし $x_A = \frac{N_A}{N}$ は分子 A の割合である．

応用問題 ※類題の解答は巻末

応用 4.1（$\Delta U = C_V \Delta T + ?$）式 (3.12) はエントロピー S をエネルギー U と体積 V で表した式だが，書き換えれば，U を S と V で表した式とみなすこともできる．しかし特に理想気体の場合，U を温度 T で表した式がよく知られているが，それとの違いを考えよう．

(a) 定積熱容量を C_V とすると，体積一定の場合，$\Delta U = C_V \Delta T$ である．これに，体積変化による仕事を加えて

$$\Delta U \stackrel{?}{=} C_V \Delta T - P \Delta V$$

とするのは間違いである．理想気体の場合にこの式がマクスウェルの関係式と矛盾することを示せ．どこで間違ったのか説明せよ．

(b) 正しい式は

$$\Delta U = C_V \Delta T + \left(T \left.\frac{\partial P}{\partial T}\right|_V - P\right) \Delta V \qquad (*)$$

である．この式を導け．

ヒント $\Delta U = T \Delta S - P \Delta V$ で，ΔS の部分を書き換える．

(c) 理想気体の場合，U は体積に依存せず $U = C_V T$ と書ける．このとき P について何がいえるか（つまり状態方程式が導けるか）．

(d) 式 $(*)$ から

$$\left.\frac{\partial U}{\partial V}\right|_T = T \left.\frac{\partial P}{\partial T}\right|_V - P$$

という式が導かれることを示せ．

(e) 問 (c) の式は**エネルギー方程式**と呼ばれ，物質の状態方程式（P と T と V の関係）がわかっているときに U について情報を与える．たとえば状態方程式が

$$P = f\left(\frac{V}{N}\right) T \quad (f\text{ は任意の関数})$$

という形をしているとき U について何がいえるか（問 (c) の逆を尋ねる問題である）．

類題 4.6（エネルギー方程式）上問のエネルギー方程式を，U を直接 V で微分することによって求めよ．

ヒント 式の左辺は，U を V と T の関数と見て V で微分するという意味である．したがって，U が S と V の関数として書かれているときは，S を V と T の関数とし，$U = U(S(T,V), V)$ としなければならない．V が 2 か所に現れることに注意．

第 4 章　平衡条件・自由エネルギー・化学ポテンシャル　　　101

答 応用 4.1 (a)　C_V が定数ならば式 (4.4) の左辺はゼロになるから

$$\left.\frac{\partial P}{\partial T}\right|_V = 0$$

でなければならないが，理想気体ならば $P = \frac{mRT}{V}$ だからこの式は成立しない．仕事による U の変化が $\Delta U = -P\Delta V$ とできるのは断熱（つまり $\Delta S = 0$）の場合であり $\Delta T = 0$ の場合ではないので，$C_V \Delta T$ という項に単純に加えてはならない．

(b)　S が T と V の関数として書かれているとすれば

$$\Delta S = \left.\frac{\partial S}{\partial T}\right|_V \Delta T + \left.\frac{\partial S}{\partial V}\right|_T \Delta V$$

これを ヒント の式に代入すると

$$\Delta U = T\left.\frac{\partial S}{\partial T}\right|_V \Delta T + \left(T\left.\frac{\partial S}{\partial V}\right|_T - P\right)\Delta V$$

ここで $T\left.\frac{\partial S}{\partial T}\right|_V = C_V$ であり，また，ヘルムホルツに自由エネルギーに対するマクスウェルの関係式（基本問題 4.4）

$$\left.\frac{\partial S}{\partial V}\right|_T = \left.\frac{\partial P}{\partial T}\right|_V$$

を使えば与式が得られる．

(c)　$\Delta U = C_V \Delta T$ なので，

$$T\left.\frac{\partial P}{\partial T}\right|_V - P = 0$$

となる．これを積分すれば

$$\log P = \log T + (V \text{ と } N \text{ に依存する数}) \quad \rightarrow \quad P = f\!\left(\frac{V}{N}\right)T$$

となるが関数 f は任意である（f が比 $\frac{V}{N}$ の関数になることは，両辺が示強変数であることからわかる）．状態方程式に近い形にはなるがそれ自体は導けない．

(d)　式 (*) で，式 (4.3) の第 2 式に相当する式が，求める式になる（ちなみに式 (4.3) の第 1 式は $\left.\frac{\partial U}{\partial T}\right|_V = C_V$ であり，C_V の定義式に他ならない）．

(e)　P の式をエネルギー方程式に代入すれば右辺はゼロ．したがって

$$\left.\frac{\partial U}{\partial V}\right|_T = 0$$

となる．つまり U は T の関数として書けば V には依存しい．$g(T)$ を T の何らかの関数として，$U = Ng(T)$ という形に書けるということである．

解説　U を S ではなく T の関数として書いたのでは，この物質について情報が完全に含まれていないことがわかる．$U = U(S, V)$ のように，状態方程式まで導ける関数を **完全熱関数** という．ヘルムホルツの自由エネルギーの場合には，T と V の関数として $F = F(T, V)$，ギブズの自由エネルギーの場合は $G = G(T, P)$ とすると完全熱関数となる． ●

応用 4.2（最大仕事の原理） 自由エネルギーがもつ力学的意味について考える問題である.

(a) 容器に入った気体を，温度と体積が (T_0, V_1) の状態から，温度が同じ (T_0, V_2) の状態に膨張させる．環境の温度も T_0 であったとする．どのような過程を経てこの膨張をさせるかによって，この系が外部にする仕事 W は異なるが，準静等温膨張させた場合の仕事を W_0 とする．次の過程を考えた場合の W は，W_0 よりも小さいことを説明せよ.

(i) まず V_1 から V_2 まで断熱膨張させ，V_2 に達したら周囲と熱的接触をさせて温度を T_0 に戻す.

(ii) 気体の圧力よりも弱い力で外から気体を抑える．仕切り（壁）は勢いよく外に向けて動くが，気体の体積が V_2 になったとき止める（理解度のチェック 4.6 の図とは逆の状況である).

(iii) まず撹拌して気体の温度を上げる．そして断熱膨張させて (T_0, V_2) の状態にする（理想気体であるとして考えてよい).

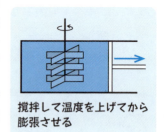

撹拌して温度を上げてから膨張させる

(b) 問 (a) で，最初と最後の状態のヘルムホルツの自由エネルギーをそれぞれ，F_1, F_2 とする．任意の過程について

$$F_1 - F_2 = W_0 \geqq W$$

であることを示せ.

(c) 上式で等号が成り立つのは可逆な場合のみである．したがって問 (a) の 3 例は不可逆であり，全エントロピーがどこかで増えていなければならない（**エントロピー生成**という）．それぞれ，どこで増えているかを説明せよ.

解説 仕事の分だけ変わるのが F であるという意味で，等温可逆過程に対しては U ではなく F が位置エネルギー（ポテンシャル）の役割を果たしている．自由エネルギーとは等温過程で使えるエネルギーという意味である．バネのエネルギー $\frac{1}{2}kx^2$ も，もしバネを等温で伸縮させているのなら，自由エネルギーを意味する.

答 応用 4.2 (a) (i) 断熱膨張する過程で温度が下がり，準静等温膨張の場合と比較して圧力の下がりが大きい．したがって $W < W_0$．

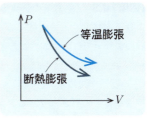

(ii) 仕切りを動かすためにした仕事は，それを止めるときに外部がしなければならない仕事と一部，打ち消し合う．その分だけ W は W_0 よりも減る．

(iii) 撹拌するときは外部が気体に仕事をするのだから，W に対する寄与は負．その後，温度が上がって圧力が増えるので仕事は増えるが，そのバランスの問題である．最も効率よくするには，外部に一切の熱を出さないのがよい．理想気体だとすれば温度が変わらなければ U も変わらないので，熱の出入りがなければ仕事の出入りもゼロ（撹拌と膨張の仕事が打ち消し合う）．したがって $W = 0 < W_0$．

(b) 環境との熱の出入りを Q とする．環境が得た場合を正とすると，

$$U_1 - U_2 = W + Q$$

また，環境の温度は常に T_0 なので，環境が得たエントロピーは $\frac{Q}{T_0}$．また，最初と最後のこの気体のエントロピーを S_1, S_2 とすれば，第 2 法則より（全エントロピーは減らない）

$$S_2 + \frac{Q}{T_0} - S_1 \geqq 0 \quad \to \quad Q \geqq T_0 S_1 - T_0 S_2$$

以上の 2 式より

$$W = U_1 - U_2 - Q \leqq (U_1 - T_0 S_1) - (U_2 - T_0 S_2) = F_1 - F_2$$

準静過程（可逆過程）では全エントロピーが一定なので等号が成り立ち

$$F_1 - F_2 = W_0$$

(c) (i) V_2 に達したときには気体と環境に温度差がある．したがってそのときの熱の移動は不可逆であり，エントロピー生成がある．

(ii) 膨張は準静的ではなく勢いよくなされるのだから，気体は平衡状態にとどまらない．そこにエントロピー生成がある．

(iii) 撹拌は仕事をすることによって気体の温度を上げるのだから，エントロピー生成がある（仕事をする側にはエントロピーの変化はない）．

応用 4.3 (重力中の気体) 地表上の空気は重力により下方に向かおうとするが（エネルギー効果），拡散により上方に向かおうとし（エントロピー効果），そのバランスで分布が決まる．図のように，体積 V_1 と V_2 の容器が，体積を無視できる管でつながっており，粒子が自由に行き来できるとする．容器の高度差は h

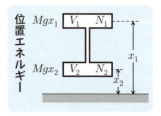

$(= x_2 - x_1)$ であり，全体の粒子数は N_0 とする．全体は温度 T の環境に囲まれており，内部も温度 T に保たれている（地表でも上空の成層圏では温度はほぼ一定である．ただ，地表付近の対流圏ではそうではない）．

分子の質量を M とすると，分子がどちらにあるかによって，位置エネルギー（力学的ポテンシャル）が Mgh だけ異なる（g は重力加速度）．その違いは環境との熱の出入りによってまかなわれるので，平衡条件を考察する際にも，位置エネルギーまで考えなければならない．つまり F 最小という条件（ポイントの定理 1）での U には，位置エネルギー（粒子数 N ならば $MgxN$）も含めなければならない．位置エネルギーまで含めた F を，ここでは $\tilde{F}$ と記す．

温度一定という条件下での平衡状態を求めるには $\tilde{F}$ を直接計算してもいいが，上下の容器の（$\tilde{F}$ から計算した）化学ポテンシャルが等しいという条件を考えても同じである（理解度のチェック 4.8）．それを行って，上下の容器の粒子数の比率を求めよ．ただし気体は理想気体だとしてよい．

応用 4.4 (重力中の気体) 上問の結論は，熱平衡ではなく力学的なつり合いの議論によっても求めることができる．大気の，非常に長い垂直な柱を考える．その中で，底面積 S，高さ Δx の薄い部分を取り出し，その場所の分子の密度を $n(x)$，圧力を $P(x)$ とする．すると，その部分に働く力のつり合いは

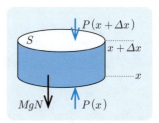

$$P(x + \Delta x) \cdot S + Mg \cdot (nS\Delta x) = P(x) \cdot S$$

$\Delta x \to 0$ の極限を考えてこれを微分方程式にし，状態方程式と温度一定という条件を使って，上問の結果を求めよ．

第4章　平衡条件・自由エネルギー・化学ポテンシャル

答 応用 4.3　粒子数 N，高度 x の場合の重力による位置エネルギーを $U_\text{重}$ と書くと

$$\tilde{F} = F + U_\text{重} \quad \text{ただし} \quad U_\text{重} = MgxN$$

である．ただし F は，重力を考えないときの従来の自由エネルギーである．これから

$$\frac{\partial \tilde{F}}{\partial N} = \mu + \mu_\text{重} \quad \text{ただし} \quad \mu_\text{重} = Mgx \tag{4.19}$$

となる．μ は従来の化学ポテンシャルであり，基本問題 4.8 あるいはその解答より

$$\mu = -kT \log \frac{V}{N} + (\text{温度で決まる項})$$

である．したがって，上下の容器の平衡条件は（温度は共通なので）

$$-kT \log \frac{V_1}{N_1} + Mgx_1 = kT \log \frac{V_2}{N_2} + Mgx_2$$

となる．重力がなければ $\frac{N}{V}$，つまり密度が一定ということだが，重力があるとそうはならない．上式は，$kT \log \frac{N}{V} + Mgx = $ 定数 ということだから

$$\frac{N}{V} = \text{定数} \times e^{-Mgx/kT}$$

となる．つまり，高度 x が上がると密度は指数関数的に（急激に）減少するが，温度が高いとその減り方は少ないことを意味する．温度が高ければエントロピー効果が強く，拡散の傾向が強まるということである（逆に $T = 0$ だと指数が $-\infty$ なので右辺がゼロになってしまうが，これは x が最低の位置にすべての分子が落ちてしまうということである．絶対温度がゼロならば内部エネルギーはゼロ，つまり拡散は起こらない）．

答 応用 4.4　$P(x + \Delta x) - P(x)$ を Δx で割ったものが P の微分である．したがって

$$\frac{dP(x)}{dx} = -\frac{MgN}{V} = -\frac{Mg}{kT} P$$

$T = $ 一定 ではこの式の解は

$$P(x) \propto e^{-Mgx/kT}$$

に他ならない．$P \propto \frac{N}{V}$ なので，これは上問の答えと同じである．

注　等温ではなく断熱変化をすると仮定すると，温度は高度変化に比例して低下することが導ける．成層圏では温度はほぼ一定，その下の対流圏では断熱変化に近い．●

ゴムの弾性

ゴムが伸縮する性質も，金属製のバネが伸縮する性質も弾性と呼ばれるが，その原因はまったく異なる．ゴムは高分子というものからできている．高分子とは，膨大な数の原子が鎖のように長くつながっているものである．これを単純化し，下図のように原子が一直線上に，等間隔 d でつながっているモデルを考える．ただし各リンクは等しい確率で折れ曲がったり伸びたりしており，外力を加えない限り，折れ曲がりはエネルギーには影響しないとする．

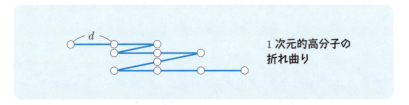

1次元的高分子の折れ曲り

鎖を構成するリンクが N 個だとし（原子は $N+1$ 個），右向きのリンクが $\frac{N}{2}+s$ 個，左向きのリンクが $\frac{N}{2}-s$ 個だとすると，鎖の両端の間隔 l は $l=2sd$ となる．長さがそのようになる場合の数（状態数）は $\rho(s) = {}_N C_{\frac{N}{2}+s}$ である．これは N 枚のコインを投げたときの裏表の話と同じであり，s の平均値はゼロ，$|s|$ の揺らぎは $\sqrt{N}$ 程度である．したがって鎖の両端の距離は $2d\sqrt{N}$ であり，$N \gg 1$ なので，真の長さ dN と比べて圧倒的に短い（実際のゴムはこのような鎖の集合だと考える）．

$s \ll N$ のときは式 (3.1) を使えば $\log \rho(s) \fallingdotseq$ 定数 $-\frac{2s^2}{N}$ であり，これを使えば，このゴム（鎖）の全エントロピー S は（$l=2sd$, $l_0=Nd$ として）

$$S(U,l) = S_0(U) - \frac{k2s^2}{N} = S_0(U) - \frac{kN}{2l_0^2}l^2$$

という形に書ける．ただし $S_0(U)$ は，鎖の折れ曲がりとは関係のない「場合の数」（原子の熱運動など）から生じるエントロピーであり，l には依存しないとする．一方，折れ曲がりによる第2項は U には依存しない．また，熱力学第1法則は（気体との類推で考えていただきたい）

$$\Delta U = T\Delta S + f\Delta l$$

となる．ただし f はゴムの張力であり，引っ張る方向を正としているので，第2項の符号は正になる．

第4章 平衡条件・自由エネルギー・化学ポテンシャル

問題 4.1 (a) 式 (4.6) から，T と f を表す式を導け．
(b) f と l の関係から，このゴムのバネとしての性質を説明せよ（特に，バネ定数はどうなるか）．
(c) ゴムを断熱的に伸ばすと熱くなることを示せ．
(d) 等温で伸ばすとき，必要な仕事と，出ていく熱との関係を述べよ．
(e) このゴムの両端を外力 f_0 で引っ張ったときの伸び l を，自由エネルギー最小という条件から計算せよ（応用問題 4.3 と同様，位置エネルギーを含めた自由エネルギーを考える．）．

答 問題 4.1 (a) $\Delta S = \frac{1}{T} \Delta U - \frac{f}{T} \Delta l$ より

- $\frac{1}{T} = \left.\frac{\partial S}{\partial U}\right|_l = \frac{\partial S_0(U)}{\partial U}$ より，T は l には依らず U のみの関数となる．その意味では理想気体に似ている．

- $-\frac{f}{T} = \left.\frac{\partial S}{\partial l}\right|_U = -\frac{kN}{l_0^2} l$ より，$f = \frac{kNT}{l_0^2} l$．これが，この場合のゴムの**状態方程式**である．

(b) 上式より，伸び l は張力 f に比例するが，その係数（バネ定数）は絶対温度に比例する．つまり高温になるとゴムの弾性力は強くなる．リンクの折れ曲がりの熱運動が激しくなるからだと解釈できる．

(c) 断熱的とは $S = $ 一定 ということである．したがって，ゴムが伸びれば（l が増えれば）S の第 2 項は減るので $S_0(U)$ は増える．S_0 が通常のエントロピーの性質をもっていれば，これは U が増える，つまり T が増えることを意味する．つまりゴムは急激に伸ばすと熱くなる（試してみよ）．

(d) ゴムを伸ばすには，張力と等しい力で引っ張らなければならない．l_1 から l_2 まで伸ばすとすれば

$$\text{仕事} = \int_{l_1}^{l_2} f(l)\, dl = \frac{kNT}{2l_0^2} (l_2^2 - l_1^2)$$

これは TS の減少，すなわち出ていった熱に等しい（等温過程ならば S_0 は一定であることに注意）．

(e) 外力による位置エネルギー $-f_0 l$ も含めた自由エネルギーは

$$F(T, l) = -f_0 l + U(T) - T\left(S_0 - \frac{kN}{2l_0^2} l^2\right)$$

T 一定として F を最小にする l を求める式は

$$-f_0 + \frac{kNT}{l_0^2} l = 0$$

張力と外力がつり合うように伸びるという当然の結果である（応用問題 7.6 も参照）．

第5章 相転移の熱力学

> **ポイント**

- **相図** 物質には固体，液体，気体（**固相，液相，気相**）という異なる状態があり，温度 T と圧力 P によってどの状態になるかが決まる．縦軸と横軸をそれぞれ P, T とし，図の各点ではどの相になるかを表した図を**相図**（***PT*図**）あるいは**状態図**という．たとえば H_2O（氷，水，水蒸気）の場合，相図は下のようになる．

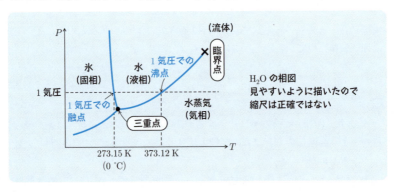

- **相転移** 上図を，1 atm の線（横線）に沿って見よう．温度を徐々に上げていくと，固相から液相に，そして気相に変わることがわかる．**相転移**である．固相から液相に変わるのが**融解**であり，その温度が**融点**である（逆に液相から固相への変化と見たときは**凝固，凝固点**という）．液相と気体の変化は**気化**（あるいは**沸騰**）と**沸点**，あるいは**凝縮**と**凝縮点**である．

- **臨界点** 上の相図からわかるように，超高圧（超高密度）では液体と気体の区別がなくなる．つまり**臨界点**（H_2O では 218 atm，647 K）の圧力以上では，液体から気体への変化は滑らかであり相転移はない．また，**三重点**（273.16 K，0.0061 atm）以下の超低圧では，氷から水蒸気に直接変化する（**昇華**）．CO_2 のように 1 atm でも昇華する物質もある（ドライアイス）．

- **潜熱** 固相が液相に変わるとき熱を吸収し（**融解熱**），また液相が固相に変わるときは同量の熱が発生する（**凝固熱**）．液相気相の相転移でも同様（**気化熱・蒸発熱**）であり，一般に相転移が起こるときに出入りする熱を**潜熱**という（第1章も参照）．潜熱の起源は理解度のチェック 5.2 を参照．

第5章 相転移の熱力学

● **相を決める条件** 温度 T と圧力 P が決まっているときの平衡状態はギブズの自由エネルギー G が最小という条件で決まる．したがって，与えられた T と P でどの相が実現するかは G の大小関係で決まる．また相転移は，T や P の変化により G の大小関係が入れ替わることによって起こる（理解度のチェック 5.6）．$G = N\mu$ なので，化学ポテンシャル μ の大小で議論してもよい．

● **相転移点を決める条件** たとえば液相から気相への相転移は両相の G が一致するところで起こる．したがって相転移点での温度と圧力は（同量の G に対して）

$$\text{相転移点の条件：} \quad G_\text{液}(T, P) = G_\text{気}(T, P) \tag{5.1}$$

という式を満たさなければならない．これは TP 図に1つの曲線を決める式である．この式から，圧力 P が ΔP だけ変わったときの相転移温度の変化 ΔT が求められる（基本問題 5.5）．

$$\text{クラウジウス-クラペイロンの式：} \quad \frac{\Delta T}{\Delta P} = \frac{T \times \text{体積変化}}{\text{潜熱}} \tag{5.2}$$

（潜熱は吸収のときに正とする．潜熱の符号と体積変化の符号は連動しているので，相転移のどちら側から考えても右辺は同じになる．）

● **蒸気圧** 1 atm，温度 T（< 100 ℃）での大気中の飽和水蒸気は，その温度での 1 atm の水と平衡状態にある（理解度のチェック 5.3，基本問題 5.6）．

$$\text{飽和蒸気圧 } P \text{ の条件：} \quad G_\text{気}(T, P) = G_\text{液}(T, 1\,\text{atm}) \tag{5.3}$$

液体では G は圧力 P にほとんど依存しないので，右辺は $G_\text{液}(T, P)$ としてもよい．つまり温度 T で相転移が起こる圧力 P が飽和水蒸気圧になる．

● **希薄溶液のギブズエネルギー** 2種類の理想気体の分子が混合することによって生じる 1 mol 当たりのギブズの自由エネルギー（以下ではモルギブズエネルギーという）の変化は，前章の μ（基本問題 4.11）に N_A を掛けて

$$\Delta G_i = -RT \log x_i \quad (i = 1, 2)$$

となる．ただし $x_i = \frac{N_i}{N_0}$（$N_0 = N_1 + N_2$）は各成分の割合（モル分率）である．液体の場合にはこのような簡単な式にはならないが，**溶媒**（たとえば水）に，微小量の何か（**溶質**という）が溶けている**希薄溶液**の場合，溶媒のモルギブズエネルギーは，x をモル分率（溶質の粒子数の割合）として（溶媒分子の割合は $1-x$）

$$\begin{aligned} G_\text{溶媒}(T, P, x) &\fallingdotseq G_\text{溶媒}(T, P, x=0) - RT \log(1-x) \\ &\fallingdotseq G_\text{溶媒}(T, P, x=0) + RTx \end{aligned} \tag{5.4}$$

$x \ll 1$ ならば $\log(1-x) \fallingdotseq -x$ であることを使った．この式から，希薄溶液のさまざまな性質が導かれる（沸点上昇，凝固点降下，浸透圧など）．

理解度のチェック　　※類題の解答は巻末

理解 5.1　（気化熱の原因）　水が液体から気体になるときは熱が発生し（蒸発熱/気化熱という），気体から液体になるときは同量の熱（凝縮熱）を吸収する．熱力学第1法則と右図を考えて，その原因を2つあげよ．それぞれは熱に正の寄与をするか負の寄与をするか．

理解 5.2　（融解熱の原因）　氷が融けるとき（水が固体から液体になるとき）は熱を吸収し（融解熱），水が凍るとき（液体から固体になるとき）は熱を発生する（凝固熱）．その原因を2つあげ，それぞれが熱に正の寄与をするか負の寄与をするかを述べよ．特に理解度のチェック 5.1 との違いに注意せよ（水は凍ると体積は増える … 下の類題も参照）．

類題 5.1　（水の体積変化）　水が冷えて凍るとき，下からではなく上（表面）から凍り始める．その理由を説明せよ（2つの効果が組み合わさった結果である）．

㊟　下の，（1 atm での）水の体積変化のグラフを参考にせよ．

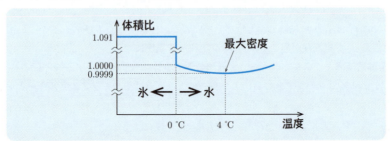

理解 5.3　（蒸発と沸騰）　1 atm では水は 100 °C で沸騰する．しかし 100 °C 未満でも水は蒸発する．蒸発と沸騰との違いは何か．100 °C で何が変わるのか．

理解 5.4　（融解の過程）　氷に少量の一定の熱を与え続け，少しずつ温める．温度が摂氏 0 度まで到達してからも同じ熱を与え続けると，その氷はどのように変化するか．横軸を時間，縦軸を温度とするグラフはどうなるか．

㊟　氷の熱容量は水の熱容量の半分程度として，概形を描けばよい（詳しい計算は基本問題 5.1 参照）．

答 理解 5.1 原因は内部エネルギー U の変化と，体積 V の変化．気化の場合，（分子がバラバラになるので結合力が弱まり）内部エネルギーが増加するので，その分のエネルギーを吸収する．また体積が増えるときに周囲のものを押しのけるので仕事をすることになり，その分のエネルギーも吸収する．したがってどちらも気化熱に正の寄与をする（正の熱を吸収）．凝縮の場合はその逆のプロセスが起こる．

答 理解 5.2 水のほうが内部エネルギーは大きい（氷に比べて分子の結合が弱い）が，体積は小さい．つまり内部エネルギーの差は融解熱（吸収される熱）に正の寄与をするが，体積の差（仕事）は負の寄与をする．ただし前者のほうが圧倒的に大きいので（体積変化は小さい），融解熱は正である（正の熱を吸収）．凝固するときはその逆である（液体になると体積が減るのは，水に特別な性質である）．

答 理解 5.3 100 °C 未満では水蒸気は表面からしか出ない．内部でも水蒸気の泡が発生するのが沸騰．

100 °C 未満の場合，1 atm の水蒸気というものは存在できない（水は 1 atm では液体）．1 atm 未満の水蒸気の泡は，1 atm の周囲の水に押しつぶされてしまう．ただし空気など他の気体が最初からあって全体が 1 atm になれば，水蒸気はその中に入り込むことができる．それができるのは水の表面のみである．

答 理解 5.4 0 °C の氷に熱を与え続けると，一定量の氷が水に変わり続ける．その間，与えられた熱は融解熱（潜熱）として吸収されるので，全体の温度は 0 °C のままである．すべての氷が融解して水に変わると，温度は 0 °C から上がり始める．

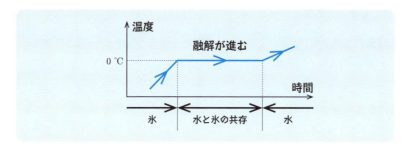

|理解|5.5（水と水蒸気の比較）　(a)　水を 1 atm で温度を 100 °C 以上にしても沸騰しないことがある（**過熱状態**という）．過熱状態は**準安定状態**（完全な平衡状態ではない）であり，何か衝撃があると突沸が起こる．同じ温度の過熱状態の水と水蒸気で，内部エネルギー U，エンタルピー H（$= U + PV$），エントロピー S，ギブズの自由エネルギー G の大小関係を述べよ（前章の理解度のチェック 4.7 も参照）．
(b)　過冷却状態の水蒸気（100 °C 未満でも凝固してない準安定状態の水蒸気）と，同温の水で，同様の比較をせよ．

|類題|5.2（水と氷の比較）　1 atm で 0 °C 未満になった水も準安定状態であり，衝撃を与えると急速に凝固する．**過冷却状態**という．また逆に，0 °C 超になった氷は準安定な過熱状態である．これらについて上問と同様の考察をせよ．

|理解|5.6（沸騰と G のグラフ）　一定の圧力のもとで温度を変えたときの，沸点付近の水の G（モルギブズエネルギー）と，同量の水蒸気の G をグラフに描くと下の図のようになるはずである．
(a)　交点 O は何を表しているか．
(b)　どちらの曲線が水に対応するか．
(c)　OA，OB，OC，OD はそれぞれ，どのような状態を表しているか．
(d)　2 つの曲線の傾きの違いを
$$\Delta G = -S\Delta T + V\Delta P \qquad (*)$$
という関係式から説明せよ．

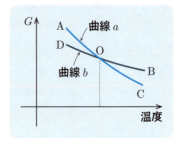

|理解|5.7（沸点の変化）　(a)　圧力を増したとき水の沸点は上がるか下がるか．ポイントの図（108 ページ）から考えよ．
(b)　その結論は，クラウジウス – クラペイロンの式 (5.2) とつじつまが合っているか．

|類題|5.3（沸点の変化と G の変化）　沸点は，水と水蒸気の G の交点である（理解度のチェック 5.6 の図参照）．圧力を増したとき，水と水蒸気を表す G の曲線はどのように変わるか．同問の式 (*) から考えよ．また交点はどのように変わるか．それは上問（理解度のチェック 5.7）の結論とつじつまがあっているか．

|類題|5.4（氷の融点）　氷が融ける温度は圧力を変えると上がるか下がるか．ポイントの図から考えよ．また，クラウジウス – クラペイロンの式から考えよ．

第 5 章　相転移の熱力学

答 理解 5.5　(a)　水のほうが分子間の結合が強いので内部エネルギーは下がる．つまり U は（過熱状態の）水のほうが小さい．体積も水のほうが小さいので，H は水のほうが小さい．また，水蒸気のほうが分子が広い領域を乱雑に動いているのでエントロピーは大きい．以上のことだけからは $G = H - TS$ の大小関係はわからないが，真の平衡状態（100 °C 超では水蒸気）は G が最小の状態なので，水蒸気のほうが G は小さい．

(b)　U, H, S の大小関係については問 (a) と変わらない．しかし 100 °C 未満では真の平衡状態は水（液相）なので，水のほうが G が小さい（100 °C は相転移点なので，水と水蒸気の G は等しくなることに注意）．

	U	H	S	G ($T > 100\,°C$)	G ($T < 100\,°C$)
水	小	小	小	大	小
水蒸気	大	大	大	小	大

答 理解 5.6　(a)　交点は，水と水蒸気の G（すなわち μ）が等しい点だから，その点の温度が相転移の温度（沸点）に対応する．

(b)　沸点以下では，曲線 b が下側にある．沸点以下では平衡状態は水なのだから，曲線 b が水に対応する．

(c)　OA：過冷却の水蒸気，OB：過熱した水，OC：通常の水蒸気，OD：通常の水．

(d)　圧力は一定としているのだから $\Delta P = 0$．したがって曲線の傾きは

$$\frac{\Delta G}{\Delta T} = -S$$

したがって傾きは負だが，エントロピーが大きい気体（水蒸気）のほうが傾きは大きくなる．

答 理解 5.7　(a)　相図では，水と水蒸気の境界線は右上がりである．したがって，横線（P 一定の線）との交点は，横線が上がると右にずれる．つまり圧力が上がると沸点は上がる．

(b)　水から水蒸気に変わるときは熱を吸収する．つまり潜熱は正．体積は増えるのだから $\Delta V > 0$．したがって式 (5.2) の右辺は正（逆向きに水蒸気から水への変化として考えても，潜熱も ΔV も負になるので，式 (5.2) の右辺はやはり正）．したがって P が増えると沸点の温度 T も増えることになるが，これは問 (a) の結論に一致する．

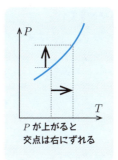
P が上がると
交点は右にずれる

第5章　相転移の熱力学

理解 5.8 （圧力を変えたときの相転移）　水を，0℃に保ったまま圧力を超高圧から超低圧へと少しずつ下げていくとどのように変化するか．ポイントの相図から考えよ．また，その変化の理由を直観的に説明できるか．

理解 5.9 （冷却と体積変化）　理想気体の場合，圧力一定で冷却すると，体積 V と絶対温度 T は互いに比例して減少する．しかし現実には，冷却していくと，ある時点で気体は液化する．横軸を V，縦軸を T としたグラフを描くと，右の図のようになる．AB間，BC間，そしてCD間で何が起きているか説明せよ．

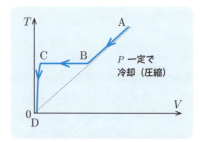

理解 5.10 （圧縮と体積変化）　理想気体の場合，温度一定で圧縮すると，圧力 P は体積 V に反比例して増大する．しかし現実には圧縮すると，ある時点で気体は液化する．横軸を V，縦軸を P としたグラフを描くと，右の図のようになる．AB間，BC間，そしてCB間で何が起きているか説明せよ．

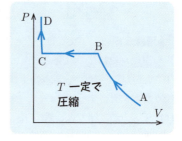

理解 5.11 （溶液の凝固点降下）　(a)　水に何か（溶質）を溶かすと氷点が下がる．それをエントロピーという観点から説明せよ．溶質は水の中には入り込むが，氷の結晶の中には入り込みにくいということから考えよ．
(b)　沸点は溶質を溶かすことによってどのように変化すると考えられるか．

理解 5.12 （圧力差）　右図の容器には，左に気体Aのみ，右にはAとBの混合気体が入っている．境界は分子Aのみを通す膜からできている．左右の圧力はどうなるか．

答 理解 5.8 相図の $T = 273.15$ K のところを，上から下にたどればよい．最初は液体（水）だが，$P = 1$ atm になったときに固相（氷）になり，さらに三重点よりも低圧のところで，気相（水蒸気）になる（温度が三重点の温度よりも高かったら，固相を経ずに液相からいきなり気相になる）．

直観的な説明：($G = U + PV - TS$ を最小にするという問題）超高圧では体積が小さくなろうとするので，氷よりも体積の小さい水になる．圧力が下がればその効果は減るので U の小さい氷になる．さらに超低圧になると，体積を減らす必要がさらに小さくなるので，エントロピーが大きい気相になる．

答 理解 5.9 **AB間**：気体状態のまま収縮．
BC間：B で液化が始まる．BC 間は気体液体共存状態．冷却するが潜熱の放出があるので温度は一定．すべてが液化した状態が C．
CD間：液体状態で冷却．体積はわずかに減少．

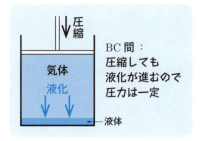

答 理解 5.10 **AB間**：気体状態のまま収縮．
BC間：B で液化が始まる．BC 間は気体液体共存状態．潜熱が放出されるが，熱を外に放出することによって温度が一定に保たれる．すべてが液化した状態が C．
CD間：液体状態で圧縮．体積はわずかしか減少できない．

答 理解 5.11 (a) 分子の種類が多いとエントロピーが大きくなる（混合のエントロピー … 理解度のチェック 4.9）．したがって氷よりも水（溶液）の状態でいようとする傾向が大きくなり，凝固しにくくなる．
(b) 同様に，溶けている溶質は蒸発（揮発）しないとすれば，液体にとどまろうとする傾向が大きくなり，沸騰しにくくなる．つまり沸点は上がる．

答 理解 5.12 左右にある気体 A の平衡の問題になる．A の化学ポテンシャルが等しくなければならないので，左側の圧力と右側の気体 A だけの圧力（A の分圧）が等しい．全体の圧力としては右側が大きい（基本問題 5.12 で議論する浸透圧に対する予備的問題である）．

基本問題

※類題の解答は巻末

基本 5.1（温度変化） 1 mol の H_2O に 10 J/s の割合で熱を与え続け，1 atm のまま $-10\,°C$ の状態から $200\,°C$ の状態まで温める．横軸を時間，縦軸を温度にしたグラフを描け．ただし熱容量は $C_{固} = 37$ J/K mol, $C_{液} = 75$ J/K mol, $C_{気} = 35.4$ J/K mol（αR で $\alpha = 4.3$ に相当）とし（温度には依存しないとする），融解熱と気化熱はそれぞれ $L_{融} = 6.01$ kJ/mol, $L_{気} = 40.66$ kJ/mol とせよ（理解度のチェック 5.4 を理解した上で取り組むこと）．

類題 5.5（エントロピーの変化） この過程でエントロピー S は各段階でどのように変化するか．$\Delta S = \frac{Q}{T}$ という関係を使う．$T = $ 一定 という過程とそうでない過程があることに注意．

基本 5.2（潜熱と G および H との関係） (a) 相転移で出入りする潜熱は，相転移前後の物質のエンタルピー $H\,(= U + PV)$ の差 ΔH である．その理由を述べよ（基本問題 5.1 をもとにして答えること）．
(b) 潜熱は，相転移前後の物質のエントロピーの差 ΔS を使って，$T\Delta S$ とも書ける．その理由を述べよ（潜熱とは，相転移がゆっくりと，つまり可逆に起きるときに出入りする熱として定義されている）．
(c) 問 (a) と問 (b) から，相転移では $\Delta G = 0$ であることになる．それを示した上で，それが当然であることを説明せよ．
(d) 相転移では全エントロピーの変化がゼロであることを示せ．

類題 5.6（潜熱の内訳） (a) 水 1 mol が $100\,°C$, 1 atm で気化するとき，体積はどれだけ変化するか．膨張の割合はどれだけか．H_2O の原子量を 18, 水蒸気を理想気体として概算せよ．
(b) 潜熱の起源は ΔU と $P\Delta V$ である．$100\,°C$, 1 atm の水の気化の場合に，それぞれの大きさを求めよ（気化熱 $\fallingdotseq 41$ kJ/mol）．

類題 5.7（潜熱の大きさ） $100\,°C$ の 1 分子の運動エネルギーと，1 分子当たりの気化熱の大きさの比率を概算せよ．1 分子当たりの運動エネルギーは $\frac{3}{2}kT$ として計算せよ．

答 基本 5.1 (a) 氷 −10 °C（A とする）→ 氷 0 °C（B）→ 水 0 °C（C）→ 水 100 °C（D）→ 水蒸気 100 °C（E）→ 水蒸気 200 °C（F）というように変化する．それぞれの過程にかかる時間を計算すると

$A \to B$：37 J/K mol × 1 mol × 10 K ÷ 10 J/s = 37 s
$B \to C$：6.01 kJ/mol × 1 mol ÷ 10 J/s = 601 s
$C \to D$：75 J/K mol × 1 mol × 100 K ÷ 10 J/s = 750 s
$D \to E$：40.66 kJ/mol × 1 mol ÷ 10 J/s = 4066 s
$E \to F$：35.4 J/K mol × 1 mol × 100 K ÷ 10 J/s = 354 s

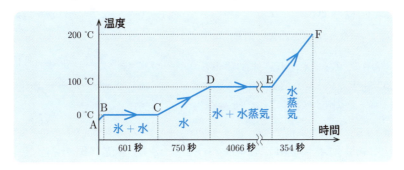

答 基本 5.2 (a) 相転移とは一定の圧力のもとで起こる現象なので，

$$\Delta H = \Delta U + \Delta(PV) = \Delta U + P\Delta V$$

これは，内部エネルギーの変化と，膨張（収縮）による仕事の合計なので，エネルギー保存則より，環境との間で移動した熱（潜熱）に等しくなければならない．
(b) 相転移は微小な変化ではないが，P 一定な準静的変化ならば仕事は $-P\Delta V$ に等しく，その場合は，等温過程で熱の移動が $T\Delta S$ になるというのは，第 1 法則から導かれる一般的な関係である．
(c) 相転移は一定の温度のもとで起こる現象なので

$$\Delta G = \Delta(U + PV - TS) = \Delta H - T\Delta S$$

ΔH も $T\Delta S$ も潜熱に等しいのだから，$\Delta G = 0$ となる．相転移とは，2 つの相のモルギブズエネルギーが等しいときに起こるので，$\Delta G = 0$ なのは当然である．
(d) 環境のエントロピーが $\frac{潜熱}{T}$ だけ変化するので全変化はゼロ．

基本 5.3 （圧力と沸点の関係）　水の沸点は気圧が 0.1 atm 上下するとどの程度変化するか．クラウジウス–クラペイロンの式 (5.2) を 1 atm, 100 °C で使って求めよ．

ヒント　1 mol 当たり，体積変化 $= 0.031\,\mathrm{m}^3$，気化熱 $= 41\,\mathrm{kJ}$ とせよ（類題 5.6 参照）．

基本 5.4 （クラウジウス–クラペイロンの式の導出）　相 1 と相 2 の間の相転移は，圧力 P のとき温度 T, $P + \Delta P$ のときは $T + \Delta T$ だとする．すると

$$G_1(T, P) = G_2(T, P)$$
$$G_1(T + \Delta T, P + \Delta P)$$
$$= G_2(T + \Delta T, P + \Delta P)$$

である．G_1, G_2 それぞれに対して $\Delta G = -S\,\Delta T + V\,\Delta P$ という関係を使って，クラウジウス–クラペイロンの式 (5.2) を求めよ．

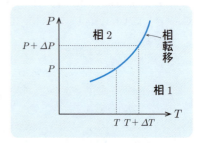

基本 5.5 （沸点の変化）　(a)　クラウジウス–クラペイロンの式を，液相と気相の相転移に適用する．気相側は理想気体であり，また液相の体積は気相の体積に比べて無視でき，潜熱は温度に依存しない定数であると仮定すると，下記の式が導かれることを示せ（圧力 P_0 で沸点が T_0 であるとき，一般の P と T の関係を与える式である）．

$$\log \frac{P}{P_0} = -\frac{L}{R}\left(\frac{1}{T} - \frac{1}{T_0}\right)$$

(b)　この式を使って，水が 30 °C が沸点になる気圧を求めよ．

基本 5.6 （飽和蒸気圧）　(a)　ポイントの式 (5.3) を説明せよ．
(b)　この式を実際に使うのは難しいが，液体の G は圧力にはあまり依存しない（類題 5.3）ので，$G_\text{気}(T, P) \fallingdotseq G_\text{液}(T, P)$ と書き換えることができる．これは，沸点が T になるような圧力 P を求める条件である．このことと上問 (b) から，30 °C での飽和水蒸気圧を求めよ．

類題 5.8 （融点の変化）　氷の融点は圧力を増やすと下がる（類題 5.4）．融解熱は $L = 6.01\,\mathrm{kJ/mol}$，また密度は 0 °C で氷は $0.917\,\mathrm{g/cm}^3$，水は $1.000\,\mathrm{g/cm}^3$ として，10 atm での融点を求めよ．

第 5 章 相転移の熱力学

答 基本 5.3 体積変化 $V = 0.031 \text{ m}^3$, L(潜熱)$= 4.1 \times 10^4$ J, $T = 373$ K より
$$\frac{\Delta T}{\Delta P} = T \times \frac{\text{体積変化}}{L} = 2.8 \times 10^{-4} \text{ K/Pa}$$
$\Delta P = 0.1 \text{ atm} = 10^4$ Pa ならば, $\Delta T \fallingdotseq 2.8$ K.

答 基本 5.4 G_1, G_2 それぞれに対して
$$G(T + \Delta T, P + \Delta P) - G(T, P) = -S\,\Delta T + V\,\Delta P$$
なので, 与式より
$$-S_1\,\Delta T + V_1\,\Delta P = -S_2\,\Delta T + V_2\,\Delta P$$
整理すると
$$\frac{\Delta T}{\Delta P} = -\frac{V_2 - V_1}{S_2 - S_1} = -T \times \frac{\text{体積変化}}{T\,\Delta S}$$
ここで潜熱を, 相 1 から相 2 に変わるときに放出する熱として定義すれば, 潜熱 $= -T\,\Delta S$ なので, 式 (5.2) が得られる.

答 基本 5.5 (a) $m = 1$ mol で考えると, T (V の変化) $\fallingdotseq TV = \frac{RT^2}{P}$ だから, クラウジウス-クラペイロンの式を微分方程式として書くと
$$\frac{dT}{dP} = \frac{R}{L}\frac{T^2}{P} \quad \rightarrow \quad -\frac{d}{dP}\frac{1}{T} = \frac{R}{L}\frac{1}{P}$$
両辺を P で積分すると
$$-\frac{1}{T} = \frac{R}{L}\log P + 定数$$
ある P_0 で沸点が T_0 であることがわかっていれば
$$定数 = -\frac{1}{T_0} - \frac{R}{L}\log P_0$$
となるので, 整理すれば与式が得られる.
(b) $P_0 = 1$ atm では $T_0 = 373$ K が沸点になることを使うと
$$右辺 = -\frac{4.1 \times 10^4 \text{ J}}{8.315 \text{ J/K}}\left(\frac{1}{303 \text{ K}} - \frac{1}{373 \text{ K}}\right) = -3.05$$
したがって
$$P = P_0 \times e^{-3.05} = 0.047 \text{ atm}$$
(実際には 0.042 atm 程度. 違いの理由の 1 つは L が定数ではないことだが, 概算としては悪くない値である.)

答 基本 5.6 (a) 大気中の水蒸気が飽和しているとは, 蒸発が止まり, 水蒸気と水が平衡状態になっていることを意味する. したがって両者の化学ポテンシャル, あるいは (同じ分子数当たりの) G は一致していなければならない.
(b) 上問の解答より約 0.04 atm.

基本 5.7（気体と液体の共存）　容量 1 L の真空の容器中に 1 g の水を入れる。容器の壁は熱を通すので内部の温度は周囲の温度 30 ℃ に保たれている。容器内の水はどのような状態になるか。30 ℃ の飽和水蒸気圧（30 ℃ が水の沸点になる気圧）を $0.04\,\mathrm{atm}\ (=4\times10^3\,\mathrm{Pa})$ として答えよ。水蒸気は理想気体として扱い，水の体積は無視して計算せよ。

基本 5.8（圧力による状態の変化）　基本問題 5.6 の考えに従えば，ある温度での飽和水蒸気圧とは，その温度で存在しうる水蒸気の最大の気圧である。圧力をさらに増せば液化が始まる。その過程は理解度のチェック 5.10 で考えた通りである。温度 30 ℃, 0.01 atm の 1 L の純粋の水蒸気（他の気体は含まれていない）を，温度を変えずに圧縮する。理解度のチェック 5.10 の図に描かれている点 B と点 C の圧力と体積を求めよ。水蒸気を理想気体とみなしてよい。

基本 5.9（PV 図）　ポイントで描いた水の相図は，圧力と温度が与えられたときに水はどのような状態になるかを示した図であり PT 図とも呼ばれる。体積 V は，物質量 m が決まっていれば P と T から一意的に決まる。これに対して，上問のように体積と圧力が与えられたときに物質はどのような状態になるかを表す PV 図という相図も考えられる。PT 図との大きな違いは，2 つの相（たとえば水と水蒸気）が共存する状態が（線ではなく）広がりをもった領域として表されることである。

このことを調べるために，理解度のチェック 5.10 のグラフを考える。このグラフは，ある特定の温度での V と P の関係だが，温度を変えるとグラフがどのように移動するかを考えよう。

(a) 温度を上げると，AB の部分は上下どちらに動くか（異なる温度のグラフが交差することはないので，全体として上下どちらかに動かなければならない）。
(b) 温度を上げると，折れ曲がりの点 B の体積は，増えるか減るか。
(c) 以上のことから，温度を上げたときのグラフを，同じ図に書き込め。
(d) 温度が臨界温度よりも高くなると，圧力を変えても相転移は起こらなくなる。そのことを説明した上で，このグラフがどうなるか描いてみよ。
(e) 以上のことから，PV 図の各領域の相を記せ。

注　この問題では固相（氷）は考えなかった。固相については類題 5.10 を参照。

答 基本 5.7 すべて気体（水蒸気）になったとすると，圧力は

$$P = \frac{mRT}{V} = \tfrac{1}{18}\,\text{mol} \times 8.3\,\text{J/K} \times 303\,\text{K} \div 10^{-3}\,\text{m}^3 = 1.4 \times 10^5\,\text{Pa}$$

4×10^3 Pa を超えてしまうのでありえない．つまり 30 °C で可能な最大圧力 4×10^3 Pa になる分だけ蒸発し，残りは液体にとどまる．蒸発するモル数は

$$m = \frac{PV}{RT} = 4 \times 10^3\,\text{Pa} \times 10^{-3}\,\text{m}^3 \div 8.3\,\text{J/K} \div 303\,\text{K} = 1.6 \times 10^{-3}\,(\text{mol})$$

これは 0.029 g に相当する．

答 基本 5.8 B と C の気圧 P は同じだが，それは温度 30 °C での水の沸点だから 0.04 atm である（上問参照）．また，B はまだすべてが水蒸気である状態なので，理想気体では気圧と体積は反比例することを考えれば（温度一定），体積は 0.25 L である．また，この容器内の H_2O のモル数 m は

$$m = \frac{PV}{RT} = (10^4\,\text{Pa} \times 10^{-4}\,\text{m}^3) \div (8.3\,\text{J/K mol} \times 303\,\text{K}) = 4 \times 10^{-4}\,\text{mol}$$

水は 1 mol が約 18 cm^3 なので，C（すべてが水の状態）の体積は約 7×10^{-3} cm^3 = 7 mm^3（1辺約 2 mm の立方体の体積である）．

答 基本 5.9 (a) 温度を上げれば圧力は増えるから，グラフは上に動く．
(b) 上に動いたグラフがどこで折れ曲がるか（液化が始まるか）という問題である．B の少し上の点を考えよう．圧力が高くなるのだから液化が始まってはならない（液化すれば圧力は減る）．つまり，そこを通る曲線はまだ折れ曲がっていないはずである．折れ曲がりの点の体積は，グラフが上に動くと減る（左に動く）．つまり図のようになる（(c) の答え）．
(d) 臨界温度以上では気体と液体の区別がなくなる．相転移は起こらず，グラフは折れ曲がらなくなる（滑らかになる）．図も参照．
(e) グラフの直線部分が，液化進行の過程（気体と液体の共存状態）である．そのことを考えると，相図は右図のようになる．

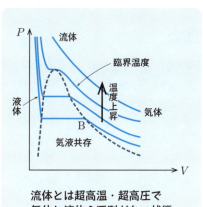

基本 5.10 (溶媒の蒸気圧) (a) 希薄溶液の溶媒のモルギブズエネルギー (1 mol 当たりのギブズの自由エネルギー) は，式 (5.4) という形で表される．

$$G_{溶媒}(T, P, x) = G_{溶媒}(T, P, x = 0) + RTx \quad (*)$$

x は溶けている溶質の粒子数の割合（モル分率）である．溶質が溶けていると溶媒の蒸気圧は減る．気体状態の溶媒は理想気体とみなせるとして，溶媒の蒸気圧は

$$P = P_0(1 - x)$$

と書けることを示せ．ただし P_0 は溶質が溶けていないときの蒸気圧である．

ヒント 温度 T での蒸気圧 P とは，液体と気体の平衡状態になる圧力だから，1 mol 当たりの G は等しい．すなわち $G_{溶媒} = G_{気体}$ となる．$G_{気体}$ とは溶媒が気体になったときの G である．この式を $x = 0$ と $x \neq 0$ に対して書き，差を考える．ただし溶質は蒸発しないとするので，$G_{気体}$ のほうは常に $x = 0$ である．

(b) 蒸気圧が下がるとすれば，温度を上げなければ沸騰しないことになる．上式と，クラウジウス-クラペイロンの式を組み合わせて，溶媒の沸点上昇を求めよ（理解度のチェック 5.11 参照）．

基本 5.11 (凝固点降下) 上問では蒸気圧の低下から沸点上昇を計算した．しかし圧力一定のまま，G の変化を使って相転移点の変化を計算することもできる．実際，溶媒の **凝固点降下**（理解度のチェック 5.11 参照）はそのような方針で計算する必要がある．それを試みよ．

ヒント $x = 0$ のときと $x \neq 0$ のときに平衡条件を比べればよい．

基本 5.12 (浸透圧) 右図の容器の左右それぞれに，モル分率が x の溶液と，純粋溶媒が入っている．固定された境界は半透膜と呼ばれる膜でできており，溶媒分子は通過できるが，溶質分子は（大きいので）通過できないとする．全体は一定の温度 T に保たれている．左右の溶媒が平衡状態にあるという条件から，左右の圧力差（**浸透圧**という）ΔP が下記の式で与えられることを示せ（理解度のチェック 5.12 も参照）．

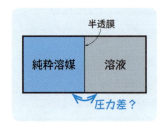

浸透圧： $\Delta P = \frac{RT}{V} x$

第 5 章 相転移の熱力学

答 基本 5.10 (a) $x=0$ のとき：$G_{溶媒}(T, P_0, x=0) = G_{気体}(T, P_0)$，$x \neq 0$ のとき：$G_{溶媒}(T, P, x) = G_{気体}(T, P)$．両辺の差をとって式 (*) を使えば

$$G_{溶媒}(T, P_0, x=0) - G_{溶媒}(T, P, x=0) - RTx = G_{気体}(T, P_0) - G_{気体}(T, P)$$

どちらの G についても成り立つ式（$\Delta T = 0$）

$$G(T, P_0) - G(T, P) = -V\Delta P = -V(P_0 - P)$$

を使えば，$(V_{気体} - V_{溶媒})(P_0 - P) = RTx$．$V_{気体} \gg V_{溶媒}$ なので $V_{溶媒}$ を無視すれば，理想気体の状態方程式 $\frac{RT}{V} = P$ も使って

$$P_0 - P = \frac{RT}{V_{気体}} x = P_0 x$$

これより与式が得られる（ここでの近似では右辺は Px と書いてもよい）．
(b) $\Delta T = T \times \frac{体積変化}{L} \times \Delta P$ だが，$\Delta P = P_0 x$ なので，

$$沸点上昇： \quad \Delta T \fallingdotseq \frac{TV_{気体}P}{L} x = \frac{RT^2}{L} x$$

となる．$\Delta T > 0$，つまり沸点は上がる．

答 基本 5.11 圧力 P は一定のままで考える．純粋溶媒（$x=0$）のときの凝固点（固体と液体の相転移で考える）を T_0，モル分率 x の溶液のときの凝固点を $T_0 - \Delta T$ とすれば

$$G_{溶媒}(T_0, x=0) = G_{固体}(T_0)$$
$$G_{溶媒}(T_0 - \Delta T, x) = G_{固体}(T_0 - \Delta T)$$

各辺の差を取り，前問の式 (*) と $\Delta G = -S\Delta T$（$P = $ 一定）を使えば

$$S_{溶媒}\Delta T - RTx = S_{固体}\Delta T \quad \to \quad \Delta T = \frac{RTx}{S_{溶媒} - S_{固体}}$$

L（潜熱）$= T \times (S_{溶媒} - S_{固体})$ を使えば上問 (b) と同じ形の式が得られる．

答 基本 5.12 左側の圧力を P，右側の圧力を $P + \Delta P$ とする．$G_{溶媒}$ を単に G と書くと，平衡条件は（温度は等しいとするので考えない）

$$G(P, x=0) = G(P + \Delta P, x) = G(P + \Delta P, x=0) + RTx$$
$$\to \quad -\Delta G = V\Delta P = RTx \quad \to \quad \Delta P = \frac{RT}{V} x$$

V は 1 mol 当たりの体積．左右の圧力が等しいと，右側の圧力が大きくなるように，左側の溶媒分子が右側に吸い取られるということである．細胞膜はこのような性質をもつ．

応用問題 ※類題の解答は巻末

応用 5.1（加熱と体積変化） 水を圧力一定の容器に入れ，一定の割合で熱を与え続けると，容器の体積はどのように変化するか．圧力は 1 atm として考えよ．

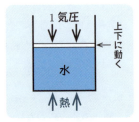

応用 5.2（低圧での沸騰） (a) 100 cm^3 の密閉された断熱容器に 30 °C の水が入っている．密閉状態のままふたを上にずらして容器の容積を増やすと何が起こるか．
(b) 容積が増えた結果，水が冷えて 25 °C になった．そのときの容器の体積を求めよ．ただし 25 °C での水の蒸気圧は 0.03 atm，また低圧での気化熱 $L = 38$ kJ/mol として計算せよ（水のモル比熱は 75 J/K mol（≒ 1 cal/K g））．

類題 5.9（水分） 一辺 4 m の立方体と同じ容積の部屋に，25 °C，相対湿度（飽和蒸気圧に対する割合）80 ％ の空気が入っている．空気中のすべての水分を水にしたらどれだけの分量になるか，上問の数値を使って計算せよ．

応用 5.3（TV 図） ポイントに描いた水の相図（状態図）は PT 図であった．また PV 図は基本問題 5.9 で考えた．では縦軸を T，横軸を V とする TV 図はどうなるだろうか．
(a) 理解度のチェック 5.9 の圧力一定の曲線は，圧力を増やすとどのように移動するか．折れ曲がり点 B の位置はどのように移動するか．
(b) 臨界圧力を超えるとどうなるか．
(c) 以上のことから TV 図の概形を描け．ただし水蒸気と水のことだけを考えればよい．

> **ヒント** さまざまな圧力で，圧力一定の線がどのようになるかを考えればよい．臨界圧力以上の場合と以下の場合との違いに注意．

類題 5.10（相図内での固相） 基本問題 5.9 で考えた PV 図に，固相（氷の状態）も取り入れるとどうなるか．ただし話を簡単にするために，固相と液相の相転移では体積変化はないとして考えよ．上問の TV 図ではどうか．

第5章 相転移の熱力学

答 応用 5.1 1 atm では，温度が 100 ℃ になるまでは水のままである．体積はほとんど変わらない（100 ℃ では 10 ℃ の約 1.04 倍）．100 ℃ になると，温度はそのままで蒸発が始まる．その速さ（単位 mol/s）は

$$\text{単位時間に与える熱量（単位 J/s）} \div \text{気化熱（単位 J/mol）}$$

で与えられる．この分の水蒸気の体積が増える（水の体積はほとんど無視できるので…類題 5.6 参照）．すべてが水蒸気になると，（理想気体とみなす近似では）温度は一定の速さで増加し始め，体積は絶対温度に比例して増える．ただし数百度になると比熱が増えるので，増加の速さは遅くなる．

答 応用 5.2 (a) 水はほとんど膨張しないので，体積が増えた分は，水と平衡状態にある水蒸気（水の温度での蒸気圧に等しい気圧の水蒸気）で満たされる．
(b) 沸騰する割合はわずかである．したがって，30 ℃，1 L の水を 25 ℃ まで冷やすにはどれだけの気化熱を奪えばいいかを考える．蒸発するモル数を m とすれば，水の比熱を 4.2 J/kg として

$$mL = 100\,\text{g} \times 5\,\text{K} \times 4.2\,\text{J/kg} \quad \to \quad m = 0.055\,\text{mol}$$

これだけの水蒸気の体積は，気圧を $P = 3000$ Pa とすれば

$$V = \frac{mRT}{P} = 0.055 \times 8.3 \times (273 + 25) \div 3000\,\text{m}^3 = 0.045\,\text{m}^3$$

答 応用 5.3 (a) 理解度のチェック 5.9 では，臨界圧力よりも小さい一定の圧力で圧縮（冷却）したときの温度変化を描いた．理想気体では $T \propto PV$ なのだから，圧力を増やすと曲線は上に上がる．圧力の異なる曲線は互いに交わらないのだから，全体としても上に上がらなければならない．また，温度が上がれば液体になりにくくなるから，折れ曲がり点は左にずれる（基本問題 5.9 と同じ論理である）．
(b) 臨界圧力を超えれば気体と液体の区別がなくなるので折れ曲がりはなくなる．
(c) 以上のことから右のような相図が想定される．

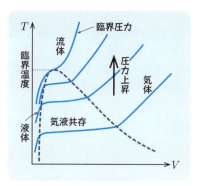

応用 5.4 (液体の混合) 水とアルコールはいくらでも混じり合うが，水と油は（ほとんど）混じり合わずに分離する．そのことを，油の部分と，水中に入り込んだ油成分との間の平衡ということから説明せよ．ただし，下記のヒントを参考にせよ．

ヒント 希薄溶液の溶媒の G は式 (5.4) で表されるが，希薄ならば溶質（ここでは水中の油）の G も同様に，

$$G_{溶質}(P, T, x) = G_0(P, T) + RT \log x$$

となる（混合のエントロピー … 109 ページ参照）．ただし溶媒の式 (5.4) と違い，G_0 は純粋溶質（$x=1$）の G ではなく未知の量である（上式は $x \ll 1$ でしか使えないので $x=1$ の G にはつながらない）．水中への油分子の混入を考えるときは，油中への水分子の混入は（微小なので）無視して考えてよい．

応用 5.5 (凝固点降下定数) 質量モル濃度（溶液 1 kg 中のモル数）が n の希薄溶液の凝固点降下が ΔT のとき，$\frac{\Delta T}{n}$ を凝固点降下定数という．凝固熱が 6.01 kJ/mol であることを使って，水の凝固点降下定数を求めよ（凝固点降下はモル分率 x を使えば $\Delta T = \frac{RT^2}{L} x$ であった）．

応用 5.6 (海水の浸透圧) 海水中のイオン濃度が 1.0×10^3 mol/m^3 であるとして，20 °C のときの浸透圧を求めよ．

類題 5.11 (淡水化のための仕事) 浸透圧と蒸気圧降下（沸点上昇）の間には密接な関係があることを示そう．

(a) 基本問題 5.12 のような装置で，右側の海水を押し，半透膜を通過させて左側の真水を増やすには，少なくとも圧力差（浸透圧）だけの圧力で海水を押さなければならない．1 mol の真水を作るのに必要な仕事が RTx であることを示せ．ただし x は溶質のモル分率である．

(b) 海水は 1 atm，100 °C では沸騰しないが気圧を下げると沸騰する．そのようにして得た水蒸気を 1 atm に加圧して水に戻すと，真水ができる．1 mol の真水を作るのに必要な加圧のための仕事を計算し，問 (a) の答えに等しいことを示せ．

ヒント 沸騰させるための圧力は基本問題 5.10 の式を使い，等温でどれだけ圧縮すべきかを考える．

(c) 1 mol の海水が真水になったときの自由エネルギーの変化が，問 (a) の答えに等しいことを示せ（自由エネルギーがこの過程のポテンシャルの役割を果たしていることがわかる．応用問題 4.2 も参照）．

答 応用 5.4 純粋の油のモルギブズエネルギーを $G_{純}(T,P)$ と書けば,油分子についての平衡条件は

$$G_{純}(T,P) = G_0(T,P) + RT\log x$$

ここで

$$\Delta G = G_0(T,P) - G_{純}(T,P)$$

とすれば

$$x = \exp\left(-\frac{\Delta G}{RT}\right)$$

これより,$\Delta G > RT$ ならば $x \ll 1$ になる.逆に $\Delta G < 0$ だと $x > 1$ になってしまうが(ありえない),いくらでも混じり合う水とアルコールの場合に相当する.

$\Delta G > 0$(つまり $G_0 > G_{純}$)とは,油分子は水中に入り込みにくいということであり,(水分子どうしと比べて)油分子と水分子の結合が弱いことによる.それでも $x = 0$ にはならず,混合のエントロピーの効果によって少量は混じり込む.温度が高くなれば(ただし沸騰しない範囲で)x も大きくなる.

答 応用 5.5 溶液 1 mol 当たりの溶質のモル数が x ならば,1 kg 当たりのモル数 n は

$$n = x \times \frac{1000}{18}$$

したがって

$$\frac{\Delta T}{n} = \frac{\Delta T}{x} \times \frac{18}{1000} = \frac{RT^2}{L} \times \frac{18}{1000} = 1.9\,\text{K kg/mol}$$

1 kg の水に 1 mol の何かを溶かすと,氷点が約 $-2\,°\text{C}$ になるということである.

答 応用 5.6 x を $1\,\text{m}^3$ 当たりのモル数($m_{イオン}$,$m_{水}$ と書く)の比だとみなせば,$x = \frac{m_{イオン}}{m_{水}}$ である.V(1 mol 当たりの体積)$= \frac{1}{m_{水}}$ なので($m_{イオン} \ll m_{水}$ とする)

$$\frac{x}{V} = m_{イオン} = 1.0 \times 10^3\,\text{mol/m}^3$$

したがって基本問題 5.12 の式より

$$\Delta P = 8.3\,\text{J/K mol} \times 293\,\text{K} \times (1.0 \times 10^3\,\text{mol/m}^3)$$
$$= 2.4 \times 10^6\,\text{J/m}^3 = 2.4 \times 10^6\,\text{N/m}^2 = 2.4 \times 10^6\,\text{Pa}$$

約 24 atm である.

ファンデルワールス気体（実在気体）

理想気体に次の 2 点の修正をしよう．(1) 分子 1 つ当たりの体積が b であり，体積 Nb の領域は分子に占められているので，分子が動ける領域は $V - Nb$ である．(2) 各分子は，そこからある一定の範囲内にある分子と互いに引力を及ぼし合い，そのため負の位置エネルギーをもつ．一定の範囲内にある分子数は密度 $\frac{N}{V}$ に比例するので，各分子がもつ位置エネルギーは $\frac{N}{V}$ に比例し，気体全体としては $\frac{N^2}{V}$ に比例する．したがって，気体分子の全運動エネルギー（これまで内部エネルギーに等しいとして U とした）は，$U + \frac{aN^2}{V}$ と書かなければならない（a は正の比例係数）．以上の修正を理想気体のエントロピーに施すと

$$S = kN \log(V - Nb) + \alpha kN \log\left(U + \frac{aN^2}{V}\right) + 定数$$

注 a と b の値は物質ごとに，臨界点を再現するように決められる（問 (f) 参照）．たとえば H_2O の場合に使われるのは

$$N_A^2 a = 5.5 \times 10^{-1} \text{ Pa m}^6 \text{ mol}^2, \quad N_A b = 3.3 \times 10^{-5} \text{ m}^3 \text{ mol}^1 \quad (*)$$

問題 5.1 (a) $\left.\frac{\partial S}{\partial U}\right|_V = \frac{1}{T}$ より，U と T の関係を求めよ．定積比熱 C_V も求めよ．
(b) 自由膨張では温度が低下することを示せ．そうなる直観的理由を述べよ．
(c) 断熱変化のときの V と T の関係を求めよ．
(d) P と V の関係より，状態方程式が次の形になることを示せ．

$$P = \frac{kNT}{V - Nb} - \frac{aN^2}{V^2}$$

(e) エンタルピー H を T と V の関数として求めよ．またその結果から，ジュール-トムソン過程（JT 過程）でこの気体の温度がどのように変化するかを考えよ．

(f) 問 (c) の結果から，一定の温度における P と V の関係をグラフに表すと，温度によって曲線の形が変わり，右図のようになる．形が変わるときの温度 T_c と圧力 P_c を記号を使って表せ．式 $(*)$ で与えられた数値の場合はどうなるか．

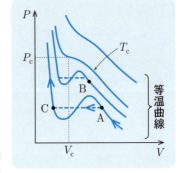

(g) 曲線に凹凸がある場合，体積を圧縮したとき，気体は実際には，この曲線に沿った変化はしない．図の A 点からさらに圧縮すると，B 方向に進むのではなく，C 点に対応する状態が出現し，A 状態と C 状態の共存状態になる．これを気液の相転移とみなせば PV 図（基本問題 5.9）と同じ形になることを示せ．

第 5 章 相転移の熱力学

答 問題 5.1 (a) $\frac{\partial S}{\partial U}\big|_V = \frac{\alpha k N}{U + \frac{aN^2}{V}} = \frac{1}{T}$ より $U = \alpha k NT - \frac{aN^2}{V}$, $C_V = \alpha k N$.

(b) 自由膨張では U は不変で V は増える（上式第 2 項は減る）のだから, T は減る. 原子間距離が増えて負の位置エネルギーが減るのだから, 運動エネルギーも減る. したがって温度が下がるのは当然である.

(c) 断熱過程とは S 一定ということだから, 問 (a) の結果も使って U を T で書き直せば $(V - Nb)T^\alpha = $ 一定.

(d) $\frac{\partial S}{\partial V}\big|_U = \frac{kN}{V - Nb} + \frac{1}{T}\left(-\frac{aN^2}{V^2}\right) = \frac{P}{T}$ より与式が得られる. 理想気体の $PV = kNT$ との類推でしばしば, 次の形にも書かれる.

$$\left(P + \frac{aN^2}{V^2}\right)(V - Nb) = kNT$$

(e) 問 (d) より

$$PV = kNT\left(1 - \frac{Nb}{V}\right)^{-1} - \frac{aN^2}{V} \fallingdotseq kNT + \frac{bkN^2T}{V} - \frac{aN^2}{V}$$

なので（$Nb \gg V$ とした）

$$H = U + PV \fallingdotseq (\alpha + 1)kNT + \frac{bkN^2T}{V} - \frac{2aN^2}{V} = (\alpha + 1)kNT + \frac{(bkT - 2a)N^2}{V}$$

JT 過程（応用問題 2.4 参照）では H は一定である. したがって

$$T_0 = \frac{2a}{bk} = \frac{2N_A^2 a}{N_A bR}$$

とすると, $T > T_0$（第 2 項が正）のときは, 体積が増えると温度は上昇, $T < T_0$ のときは体積が増えると温度は降下する. 通常の気体では T_0 は摂氏数百度になり, JT 過程は冷却過程として実用的に機能する.

(f) 移り替わりの温度では $\frac{\partial P}{\partial V} = 0$ と $\frac{\partial^2 P}{\partial V^2} = 0$ の点（変曲点）が一致する. 2 つの式を連立させて解くと, $V_c = 3Nb$, $kT_c = \frac{8a}{27b}$ となり, それを P の式に代入すれば $P_c = \frac{a}{27b^2}$ となる（$T_c = 600$ K, $P_c = 190$ atm）.

(g) 凹凸を直線で置き換え, 曲がり角を破線で結べば下図のようになる. これは基本問題 5.9 の PV 図と同じになる. 問 (f) で求めた点が臨界点になる.

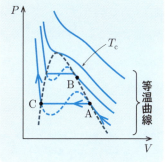

注 どこで折り曲げるか（共存状態が始まるか）は自由エネルギー最小という条件で決まるが（マクスウェルの規則）, 詳しくは他書を参照していただきたい.

強磁性

物体に磁場を掛けると，その物体自体が磁石の性質を帯びる．この現象を**磁化**という．弱くて気付かないことも多いが，鉄などでできている物質だと顕著に見られ，外から磁場を掛けなくても自発的に磁化する場合もある（永久磁石）．しかし永久磁石も高温になると相転移を起こし磁化を失う．この問題を熱力学的に考えてみよう．

電子はそれ自体がミクロな磁石の性質をもっている．物体内で電子の磁石の方向（S極からN極に向かう方向）がバラバラならば物体全体としては磁化はないが，外部から磁場を掛けると，方向に傾向が現れ磁化が生じる．また電子間に，互いに磁石を同じ方向に向けようとする力（相互作用）が働くと，外部から磁場を掛けなくても磁化が起こる（**自発磁化** … このような性質を**強磁性**という）．

ある特定方向（たとえば z 方向）の磁化の大きさを考えよう．電子の磁石としての強さ（磁気モーメントといい，μ と書く）は，各方向について，$\pm\mu$ という2通りの大きさしかない（量子力学的現象）．ミニ棒磁石の上向きと下向きの2通りと考えればよい．μ が同じ方向を向く傾向がある（強磁性）とは，2つの電子の μ の向きが同じときに，相互作用によるエネルギーがマイナス（安定），逆向きのときにプラス（不安定）ということである．N 個ある電子のうちの，$\frac{N}{2}+s$ 個の μ が上向き，$\frac{N}{2}-s$ が下向きだとすると，上向きのほうが $2s$ 個多い．したがって，上向きの各電子は $2s$ に比例するマイナスのエネルギーを，下向きの各電子は $2s$ に比例するプラスのエネルギーをもつので（**平均場近似**という近似法である），相互作用による全エネルギー $U_\text{磁}$ は

$$U_\text{磁} \propto -\left(\frac{N}{2}+s\right)\times 2s + \left(\frac{N}{2}-s\right)\times 2s \propto -s^2$$

比例係数を K として，以下，$U_\text{磁} = -Ks^2$ と書く．

エネルギー的にはすべての μ がそろって同じ方向を向いたほうが安定だが，「場合の数」の観点からは乱雑のほうがよい（エントロピー効果）．場合の数は，これまでも何度も出てきた $_N\mathrm{C}_{\frac{N}{2}+s}$ であり（たとえば106ページ），エントロピーはこの対数だが，ここでは s の4次の項まで必要となる．結論を書くと

$$S_\text{磁}(s) = k\log {_N\mathrm{C}_{\frac{N}{2}+s}} = 定数 - \frac{2k}{N}s^2 - \frac{4k}{3N^3}s^4 + \cdots$$

物体全体としては

$$S(U,s) = S_0(U-U_\text{磁}) + S_\text{磁}(s)$$

S_0 は S のうち μ とは無関係な自由度の寄与だが（106ページも参照），その自由度に割り当てられるエネルギーは全エネルギー U から $U_\text{磁}$ を引いたものである．

第 5 章 相転移の熱力学

問題 5.2 (a) T と U の関係について，何がいえるか．
(b) 問 (a) の結果を使って自由エネルギー $F = U - TS$ の s 依存性を考え，温度一定のときに F を最小にする s を求めよ（もしその答えが $s \neq 0$ だったら，自発磁化が起きていることを意味する）．
(c) 外部から磁場 B を掛けたときは $F = -BM + U - TS$ となる（$-BM$ は，磁場 B 内で磁化 $M = 2\mu s$ の磁石がもつ位置エネルギー）．磁場 B があれば相転移点より高温でも磁化が生じる．B が小さいとき磁化は B に比例するが，その比例係数（**磁比率**という）の温度依存性を調べよ．

答 問題 5.2 (a) $\frac{1}{T} = \frac{\partial S}{\partial U}\big|_s = \frac{\partial S_0(U - U_磁)}{\partial U}$．つまり T は $U - U_磁$ の関数ということだが，逆にいえば，$U - U_磁$ は T のみで決まり s に依存しない．
(b) $F = ((U - U_磁) - TS_0(U - U_磁)) + (U_磁 - TS_磁)$．右辺は後半のみが s に依存する部分である．これを s で微分してゼロとおけば

$$-2Ks + \frac{4kT}{N}s + \frac{16kT}{3N^3}s^3 = 0$$

この解は，$T_c = \frac{KN}{2k}$ と書くと，$s = 0$ または $s^2 = \frac{3N^2}{4T}(T_c - T)$．
高温 ($T > T_c$) では実数解は $s = 0$ だけであり，自発磁化は生じない．しかし $T < T_c$ では $s \neq 0$ の解がある．実際，F のグラフを描いてみれば，$s \neq 0$ の位置に F の最小値があることがわかる．つまりこの物体は $T = T_c$ で相転移を示す．常磁性から強磁性への相転移という（ゴム弾性と同様，第 1 法則 $\Delta U = T\Delta S + B\Delta M$ を使っても同じ結果が得られる）．

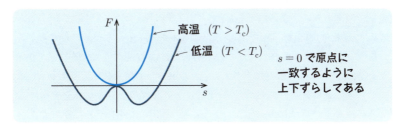

(c) $BM = 2\mu Bs$ の項を加えて，問 (b) での微分をやり直す．B が小さければ s も小さいので ($T > T_c$ とする)，s の 1 次の項まで考えればよく

$$-2B\mu - \frac{4k}{N}(T_c - T)s + O(s^3) = 0$$

$\frac{M}{B} \propto \frac{s}{B} \propto \frac{1}{T - T_c}$ ということであり，相転移点 T_c に近づくと，わずかな磁場でも大きな磁化が生じる．**キュリー–ワイスの法則**という（172 ページも参照）．

第6章 化学反応の熱力学

> **ポイント**

● **原系と生成系**　混合気体が入った容器の中で

$$A_1 + A_2 \rightleftharpoons B_1 + B_2$$

という化学反応が起きているとする．反応が左側から右側に進むとき，物質 A_1 と A_2 全体を**原系**，物質 B_1 と B_2 全体を**生成系**という．しかし化学反応は右向きにも左向きにも進む．平衡状態ではそれらがバランスし，各系の量が，ある決まった割合になる．その割合を求めるのが熱力学の問題である．

● **化学平衡の法則（質量作用の法則）**　A系からB系への反応の速度は，A_1 と A_2 それぞれの密度（n_{A_1}, n_{A_2} と書く）の積に比例するので，比例係数を K_A として

$$\text{A系からB系への反応の速度} = K_A \times n_{A_1} \times n_{A_2}$$

同様に

$$\text{B系からA系への反応の速度} = K_B \times n_{B_1} \times n_{B_2}$$

平衡状態ではそれらがバランスする（等しくなる）ので

$$\frac{n_{B_1} n_{B_2}}{n_{A_1} n_{A_2}} = \text{定数（平衡定数といい } K \text{ と書く）} \tag{6.1}$$

平衡定数は<u>温度のみで決まる数</u>である．

● 熱力学では化学反応は，原系と生成系との間での原子のやり取りとして考える．一般に，温度と圧力が決められた状況での平衡状態とは G を最低にする状態だが（4章ポイント参照），それは両系の化学ポテンシャル μ が一致する状態でもある（各系の μ とは，その系の各物質の μ の合計）．以下では μ にアボガドロ定数 N_A を掛けて，モルギブズエネルギー G（1 mol 当たりのギブズの自由エネルギー）で考えよう．

温度 T の混合理想気体中の，成分 i を考えよう．その成分がもつ圧力（分圧）を P_i とすれば，モルギブズエネルギー G_i の圧力依存性は（温度は省略すると）

$$G_i(P_i) = G_i^* + RT \log \frac{P_i}{P^*}$$

と書ける．ただし P^* はすべての成分に共通に選ぶ何らかの圧力であり，$G_i(P^*) = G_i^*$ と書いた（この状態を**標準状態**と呼び，通常は $P^* = 1\,\text{atm}$ とする）．

冒頭に記した反応に対して

第6章 化学反応の熱力学

$$\Delta G = G_{B_1}(P_{B_1}) + G_{B_2}(P_{B_2}) - G_{A_1}(P_{A_1}) - G_{A_2}(P_{A_2}) \tag{6.2}$$

$$\Delta G^* = G_{B_1}^* + G_{B_2}^* - G_{A_1}^* - G_{A_2}^* \tag{6.3}$$

と書くと

$$\Delta G = \Delta G^* + RT \log \frac{P_{B_1} P_{B_2}}{P_{A_1} P_{A_2}} \tag{6.4}$$

平衡条件 $\Delta G = 0$ は次のようになる.

$$\frac{P_{B_1} P_{B_2}}{P_{A_1} P_{A_2}} = e^{-\Delta G^*/RT} \tag{6.5}$$

理想気体ならば分圧と密度 n は比例するので,これは式 (6.1) に相当する.

● 一般の化学反応は,ν_i を何らかの数として

$$\nu_1 A_1 + \nu_2 A_2 \rightleftharpoons \nu_1' B_1 + \nu_2' B_2$$

のように書ける(いずれかの ν_i はゼロであってもよい).その場合,

$$\Delta G^* = \nu_1' G_{B_1}^* + \nu_2' G_{B_2}^* - \nu_1 G_{A_1}^* - \nu_2 G_{A_2}^*$$

となり,式 (6.2) は

$$\frac{P_{B_1}^{\nu_1'} P_{B_2}^{\nu_2'}}{P_{A_1}^{\nu_1} P_{A_2}^{\nu_2}} = e^{-\Delta G^*/RT} (P^*)^{-\Delta\nu} \tag{6.5'}$$

ただし $\Delta\nu$ は分子数の変化であり,$\Delta\nu = \nu_1' + \nu_2' - \nu_1 - \nu_2$.

● **標準生成ギブズエネルギー** 化合物を単体から合成したときの,気圧 P^* におけるギブズエネルギーの変化を,その化合物の**標準生成ギブズエネルギー**という.たとえば H_2O だったら,H_2O の G から H_2 と $\frac{1}{2} O_2$ の G を引いたものである.エネルギーは任意性なしで定義できる量ではないが,このように差として定義すれば一意的に決まる.ΔG^* は式 (6.3) ではギブズエネルギー自身から定義されているが,すべてを標準生成ギブズエネルギーに置き換えても同じである(理解度のチェック 6.8).

● $G = H - TS$ だが,エンタルピー H とエントロピー S についても,**標準生成エンタルピー**,**標準生成エントロピー**を,標準状態での単体との差として定義する.

注 エントロピーについては $T = 0\,\mathrm{K}$ で $S = 0$ という基準が存在するので(熱力学第3法則という)その大きさ自体が定義できる.

● **反応の温度依存性(ルシャトリエの原理)** 化学反応が発熱か吸熱かは ΔH(反応前後での H の差)で決まる.発熱反応は高温になると抑制され,吸熱反応は高温になると進む(基本問題 6.4, 応用問題 6.1 など).

● 気体の膨張で仕事が取り出せるのと同様に,化学反応の進行をうまく制御すると,電気エネルギーを取り出すことができる(**電池の原理**).その量は ΔG で決まる.

理解度のチェック ※類題の解答は巻末

理解 6.1（2原子分子の解離） H_2 や O_2 などの分子は，常にその一部は2つの原子に解離（分離）しているが，宇宙空間などの密度が非常に小さい状況では，解離している割合は大きくなる．
(a) その理由を直観的に説明せよ．
(b) 水素の場合を考える．水素分子の密度を n_{H_2}，解離している水素原子の密度を n_H とすると，化学平衡の法則はどのように書けるか．
(c) 原子と分子の割合を $a = \frac{n_H}{n_{H_2}}$ とする．a を n_{H_2} と K で表し，密度が減ると a が増えることを示せ（解離度という量の定義と具体的な計算は基本問題6.1を参照）．

理解 6.2（化学平衡の法則） $A_1 + A_2 \rightleftharpoons B_1 + B_2$ という，理想気体どうしの反応を考える．平衡状態で，容器内の4成分がすべて1 molだったとする．その状態に，さらに1 molの A_1 を加えた．
(a) どの成分が増えるか．どの成分が減るか．
(b) A_1 のうちの x mol が反応したとして，反応後の平衡状態の各成分のモル数を x で表せ．
(c) 加えた後も温度と全圧力は一定だとして，化学平衡の法則の式を書け．
(d) 加えた後の平衡状態での各成分のモル数を求めよ．

理解 6.3（反応熱とエンタルピー） 上問の気体 A_1 と A_2 を1 molずつ混合し，圧力，温度一定のまま反応させたところ，$Q (>0)$ だけの熱が発生した．この圧力，温度での気体 A_1 の1 mol当たりのエンタルピー（モルエンタルピー）を H_{A_1} などと書く．
(a) Q を，H_{A_1} などを使って表せ．
(b) 一般に，Q が内部エネルギーではなくエンタルピーで表される理由を述べよ．

理解 6.4（ルシャトリエの原理） 一般に化学反応の平衡状態は，圧力や温度を変える操作をすると，その効果を抑制する方向に移動する（ルシャトリエの原理）．
(a) 理解度のチェック6.2のケースでは温度を上げるとA系とB系の量はどちらが増えるか．
(b) 同問の化学反応が
$$A_1 + A_2 \rightleftharpoons 2B_1 + B_2$$
であった場合（B_1 の係数が2である），ある圧力での平衡状態から圧力を下げると，A系とB系の量はどちらが増えるか．

第6章　化学反応の熱力学

答 理解 6.1　(a)　分子がいったん2つの原子に離れてしまうと，再結合するためには再度，衝突しなければならない．しかし粒子の密度が下がると衝突しにくくなる．したがって再結合しにくくなる．

(b)　反応式は $H_2 \rightleftharpoons H + H$ だから，化学平衡の法則は

$$\frac{n_H^2}{n_{H_2}} = K \text{ (定数)}$$

(c)　$a = \frac{n_H}{n_{H_2}} = \frac{\sqrt{Kn_{H_2}}}{n_{H_2}} = \frac{\sqrt{K}}{\sqrt{n_{H_2}}}$．$K$ は（温度が一定ならば）一定なのだから，気体の密度が減れば（n_{H_2} が減る）a は増える．

答 理解 6.2　(a)　A_2 が増えたので，右方向への反応が進む．すなわち A_1 が減り，B_1 と B_2 が増える．

(b)　x mol が反応すれば A_1 は x mol 減り，B_1 と B_2 は x mol ずつ増える．したがって各成分のモル数は，$A_1: 1-x$, $A_2: 2-x$, $B_1: 1+x$, $B_2: 1+x$．

(c)　最初の状態から，平衡定数は 1 であることがわかる．したがって

$$\frac{(1+x)^2}{(1-x)(2-x)} = 1$$

(d)　上式より $x = 0.2$．それぞれ，0.8 mol, 1.8 mol, 1.2 mol, 1.2 mol．

答 理解 6.3　(a)　<u>エンタルピーが減った分だけ熱が発生する</u>．ただし，上問によれば，平衡状態（反応が起きた後の状態）ではすべての成分が同量（0.5 mol）になるのだから，反応するのは 0.5 mol だけである．したがって，

$$Q = \tfrac{1}{2}(H_{A_1} + H_{A_2}) - \tfrac{1}{2}(H_{B_1} + H_{B_2})$$

(b)　$H = U + PV$ なので，圧力一定の状況では $\Delta H = \Delta U + P\Delta V$ である．反応が起こるときには一般に体積変化があるので，それによる仕事の分だけ熱を吸収しなければならない．つまり発熱量は ΔU だけでは決まらない（ただしこの問題のように理想気体の反応であり反応で分子数に変化がなければ体積変化はないので，PV 部分は一定である）．

答 理解 6.4　(a)　吸熱する方向に反応が進む．上問では右への反応が発熱だったので，吸熱するためには B 系 → A 系 という移動が起こる．

(b)　圧力が増えるように，粒子数を増やすように変化する．つまり A 系 → B 系 という移動が起こる（理解度のチェック 6.1 も同じ原理である）．

理解 6.5（平衡状態）　(a) 化学平衡の法則によれば，G_i^* が大きい成分と小さい成分では，どちらの存在割合が大きくなるか．それは当然のことか．
(b) 平衡状態で，いずれかの成分の量が完全にゼロになってしまうことはない．そのことを化学平衡の法則から示せ．

理解 6.6（生成エンタルピー）　(a) CO_2 の標準生成エンタルピーは -393.51 kJ/mol である．この値はどのような現象の何に相当するか．
(b) なぜ負なのか．
(c) CH_4（メタン）の標準生成エンタルピーは -74.81 kJ/mol である．問 (a) の値との違いは何によるか．
(d) 1 mol のメタンが $CH_4 \longrightarrow C + 2H_2$ というように分解する反応は，発熱反応か吸熱反応か．どれだけの熱が出入りするか．

類題 6.1（同素体）　同じ炭素の単体でも，グラファイト（黒鉛），ダイヤモンド，木炭，フラーレンなどの状態があるが，標準生成エンタルピーを定義するときは，エンタルピーが最低のグラファイトを基準とする．グラファイトからダイヤモンドを 1 mol 生成するときは 1.90 kJ の吸熱がある．グラファイトとダイヤモンドの生成標準エンタルピーはそれぞれどれだけか．

理解 6.7（生成エントロピー）　標準エントロピーと標準生成エントロピーはどう違うか．

理解 6.8（生成ギブズエネルギー）　式 (6.3) の ΔG^* は，モルギブズエネルギー G の，生成系と原系の間の差である．これが，標準生成ギブズエネルギーの差に等しいことを説明せよ．

> **ヒント**　ギブズエネルギーは物質に固有の量（状態量）であり，それがどのように生成されるかには依存しない．したがって，A → B → C という 2 段階反応でつながっている A と C の G の差は各段階での G の変化を足したものに等しい．

類題 6.2（反応式の表現）　(a) $CO + \frac{1}{2}O_2 \longrightarrow CO_2$ という反応の ΔG^* は -257 kJ/mol である．では，$2CO + O_2 \longrightarrow 2CO_2$ という反応の ΔG^* はどれだけか．
(b) この 2 つの反応式は同じ反応を表す．ΔG^* の違いは，互いに矛盾する化学平衡の法則をもたらさないか．

第6章 化学反応の熱力学

答 理解 6.5 (a) 前問までの化学反応で考えると，A系のG_i^*が大きければ$\Delta G^* < 0$なので平衡定数が大きくなり，B系の割合が大きくなる．系全体のGが最小というのが平衡条件なので，G_i^*が大きい成分の割合が減るというのは自然である．
(b) 平衡定数はゼロでも無限大でもないので，いずれかの成分がゼロになることはない．しかしΔG^*の指数関数なので，非常に大きくなる，あるいは非常に小さくなることはよくある．その場合は，反応はほとんど進まない，あるいはほとんど完全に進むことを意味する．

答 理解 6.6 (a) 標準生成エンタルピーとは，その物質 1 mol が，(ある指定された温度で) 単体から生成されるときのエンタルピーの変化である．一般にエンタルピーの変化は反応で出入りする熱に等しいので，この場合は

$$\text{C} + \text{O}_2 \longrightarrow \text{CO}_2$$

という反応 (すべて 1 mol) で -393.51 kJ/mol だけの熱が発生するということである (熱が発生したのだからエンタルピーは減っている)．
(b) CO_2 は原子が強く結合しているので，結合エネルギーが負．
(c) CO_2 のほうが，原子間の結合が強い．
(d) 生成エンタルピーが負ということは，CH_4 の生成過程，$\text{C} + 2\text{H}_2 \longrightarrow \text{CH}_4$ が発熱ということだから，その逆過程は吸熱反応である．吸収される熱は 74.81 kJ である．

答 理解 6.7 エントロピーは，絶対零度で $S = 0$ とし，それからの変化を加えた量である．生成エントロピーは，同じ温度でその物質を合成するための単体全体の S との差である．標準とは，どちらも標準状態 (通常は 1 atm) での 1 mol 当たりの量を意味する．

注 エネルギーが含まれる量は，エントロピーとは違って，それをゼロとする基準を人為的ではなく決める手段はない．つまり $T = 0\,\text{K}$ でゼロとはいえない． ●

答 理解 6.8 原系あるいは生成系を生成するための単体全体を単体系と呼ぼう (たとえば H_2O だけからなる系だったら $H_2 + \frac{1}{2}O_2$)．これは常に，原系と生成系で共通である．すると

$\Delta G^* =$ 生成系の G の和 $-$ 原系の G の和
$ =$ (生成系の G の和 $-$ 単体系の G の和) $-$ (原系の G の和 $-$ 単体系の G の和)

これは生成ギブズエネルギーの差に他ならない．あるいは，原系から一度単体系に戻し，それから生成系を生成するという2段階反応を考えればよい．

基本問題
※類題の解答は巻末

基本 6.1（解離度） (a) 理解度のチェック 6.1 で扱った水素分子の解離を考える．解離がなかった場合の水素分子数に対する解離した分子の割合を**解離度**（α と書く）という．α を H_2 と H の分圧（それぞれ P_{H_2}，P_H と書く）を使って書け．
(b) α を全圧 P と平衡定数 K を使って書け．ただし $P_H \ll P$ と考えてよい．
(c) 平衡定数は圧力に依存しない定数だが解離度はそうではない．1 気圧，2000 K での H_2 の解離度は 0.12% である．全圧が $\frac{1}{1000}$ 気圧のときの解離度を求めよ．

注 この問題では式 (6.5′) の右辺全体を K とするが，左辺が圧力比で表されているので，この K を**圧平衡定数**という．左辺を密度比で書き換えると右辺は $e^{-\Delta G^*/RT}\left(\frac{P^*}{RT}\right)^{\Delta\nu}$ に変わり，これを**密度（濃度）平衡定数**という．

基本 6.2（圧力の変化） 粒子数が変化する反応では，圧力を上げると粒子数が減る方向に平衡状態が移動する（理解度のチェック 6.4 問 (b)）．そのことを化学平衡の法則 (6.5′) から証明せよ．ただし $\nu_1 = 2$，$\nu_2 = \nu'_1 = \nu'_2 = 1$ として考えよ．

基本 6.3（生成熱の変化） 下の図は，定圧（1 atm とする）で状態を変化させたときの，各過程でのエンタルピーの変化を描いている．たとえば Q_1 は，気体の H_2 と O_2 から 1 mol の水（液体の H_2O）を生成するときに発生する生成熱であり，これはこの過程でのエンタルピーの変化に等しい（定圧変化なので体積変化による仕事も考えなければならないので … 生成熱 $= \Delta U + P\Delta V = \Delta H$）．また，定圧で物質の温度を変えたときに出入りする熱は，定圧比熱 × 温度差 によって表されるが，それがこの過程でのエンタルピーの変化に等しい．また気化熱は相転移でのエンタルピー変化に等しい．以上のことより，以下に与えるデータを使って，100 ℃ で水 1 mol を生成するときに発生する生成熱 Q_2 と，水蒸気 1 mol を生成するときに発生する生成熱 Q_3 を求めよ．ただし，$Q_1 = 197.8$ kJ/mol，L（気化熱）$= 40.7$ kJ/mol，また定圧比熱 C_P は O_2 と H_2 では $3.5R$，水では 75.6 J/K mol（$= 4.2$ J/K g $\times$ 18 g/mol）とする（液体の体積変化は微小なので，定圧でも定積でも比熱は変わらない）．

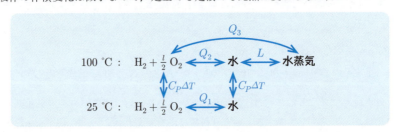

答 基本 6.1 (a) 理想気体だと考えれば，粒子数と分圧は比例している．また，解離した分子数は原子数の半分だから

$$\alpha = \frac{P_H}{2} \div \left(P_{H_2} + \frac{P_H}{2}\right)$$

(b) 全圧を P とすると

$$K = \frac{P_H^2}{P_{H_2}} = \frac{P_H^2}{P - P_H} \fallingdotseq \frac{P_H^2}{P} \quad \rightarrow \quad P_H \fallingdotseq \sqrt{KP} \quad \rightarrow \quad \alpha = \frac{1}{2}\sqrt{\frac{K}{P}}$$

(c) $P = 1$ 気圧 のときは $P_H = 0.0024$ 気圧である．したがって

$$K \fallingdotseq \frac{P_H^2}{P} = (0.0024)^2 \text{ 気圧}$$

したがって $P = 0.001$ 気圧のときは

$$\alpha = \frac{1}{2}\sqrt{(0.0024)^2 \div 0.001} = 0.038$$

約 4 % であり，30 倍ほど大きくなっている．

答 基本 6.2 (a) 3粒子 $\rightleftharpoons$ 2粒子 という反応になる．もし全体の圧力を 2 倍にしても平衡状態（左右の系の粒子数比）が変わらないとすれば，式 (6.5′) の左辺は 2 倍になってしまう（分母よりも分子のほうが因子が 1 つ多いので）．しかし右辺は圧力には依存しない定数なので，分子（3 粒子系）の各因子の増え方のほうが小さくなければならない．つまり平衡状態は 2 粒子系のほうに移動する．

答 基本 6.3 まず，図の左側の縦方向の過程（気体の温度上昇）でのエンタルピー差 ΔH_1 を計算する（$H_2 : 1$ mol と $O_2 : 0.5$ mol の温度上昇）

$$\Delta H_1 = 1.5 \text{ mol} \times 3.5R \times 75K = 3.3 \text{ kJ}$$

図の中央の縦方向の過程（水の温度上昇）でのエンタルピー差 ΔH_2 は

$$\Delta H_2 = 75.6 \text{ J/K} \times 75K = 5.7 \text{ kJ}$$

したがって，生成熱 = エントロピー減少 であることに注意すると

Q_2(100 °C での水の生成熱)
$= (100\,°\text{C の } H_2 + \frac{1}{2} O_2 \text{ のエンタルピー}) - (100\,°\text{C の水のエンタルピー})$
$= Q_1 + \Delta H_1 - \Delta H_2 = 195.4 \text{ kJ}$

100 °C の水蒸気は，気化熱の分だけ水よりもエントロピーが大きい．したがって

$$100\,°\text{C での水蒸気の生成熱} = 195.4 \text{ kJ} - 40.7 \text{ kJ} = 154.7 \text{ kJ}$$

基本 6.4 （アンモニアの解離） $2NH_3 \longrightarrow N_2 + 3H_2$ というアンモニアの解離反応について考える．

(a) 25 °C での標準エントロピーは，NH_3：192.5 J/K mol，N_2：191.5 J/K mol，H_2：130.6 J/K mol である．NH_3 の標準生成エントロピーを求めよ．

(b) 25 °C で，NH_3 の標準生成ギブズエネルギーは -16.64 kJ/mol，標準生成エンタルピーは -46.19 kJ/mol である．これは問 (a) の答えとつじつまがあっているか．

(c) 上記の反応の，ポイントの式 (6.2) の 25 °C での ΔG^* を求めよ．

(d) 平衡定数を K（圧平衡定数）として 25 °C でのその値を求め，その温度での上記の反応の化学平衡の法則の式を書け．

(e) 一般の絶対温度 T での $\log K$ を表す式を書け．ただし ΔH^* と ΔS^* は温度に依存しないと仮定してよい．

(f) この反応の平衡状態は，温度が上がるとどちらに進むか．$\log K$ の式から考えよ．また，それはこの反応が発熱か吸熱かという問題とどのような関係があるか．

(g) 問 (e) の結果を使って，$K = 1$ になる温度を求めよ．

(h) NH_3 の解離度 α と K の関係を示せ．

(i) 25 °C での解離度はどの程度か．$K = 1$ のときの解離度はどの程度か．

基本 6.5 （ΔH^* と ΔS^* の温度依存） (a) 上問 (e) 〜(i) では，ΔH^* や ΔS^* を温度に依存しない定数だとして平衡定数の変化を計算した．しかし厳密にはこれらの量は一定ではない．25 °C でのエンタルピーに比べて，高温でのエンタルピーは，温めるのに必要な熱（定圧比熱で決まる）の分だけ大きい（基本問題 6.3 参照）．定圧比熱は，$2NH_3$ よりも $N_2 + 3H_2$ のほうが大きい．これは，ΔH^* が高温で増えることを意味するか減ることを意味するか．

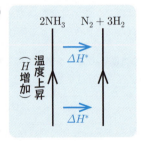

(b) ΔS^* について，同じことを考えよ（ΔH^* と ΔS^* の実際の計算は，応用問題 6.1 で行う）．

答 基本 6.4 (a) NH_3:1 mol と，それを生成する単体のエントロピーの差であるから，$192.5 - \frac{1}{2} \times 191.5 - \frac{3}{2} \times 130.6 = -99.2$ より，-99.2 J/K mol.

(b) $G = H - TS$ より $S = \frac{H-G}{T}$.

$$\frac{-46.19-(-16.64)}{298} = -0.0992 \text{ (kJ/K mol)}$$

だから，データおよび計算の精度内でつじつまがあっている．

(c) 単体の生成ギブズエネルギーはゼロなので

$$\Delta G^* = 0 - 2 \times (-16.64 \text{ kJ/mol}) = 33.28 \text{ kJ/mol}$$

(d) 化学平衡の法則は

$$\frac{P_{N_2} P_{H_2}^3}{P_{NH_3}^2} = K$$

であり（ただし圧力は atm 単位で表す），

$$K = e^{-\Delta G^*/RT} = e^{-0.0134 \times 10^3} \fallingdotseq 1.5 \times 10^{-6}$$

(e) $\log K = -\frac{\Delta G^*}{RT} = -\frac{\Delta H^*}{RT} + \frac{\Delta S^*}{R} = -\frac{11.1 \times 10^3}{T} + 23.9$.

(f) 温度が上がると K は増えるので，解離は進む．これは解離反応が吸熱である（H が増える反応）ことに対応する（ルシャトリエの原理）．

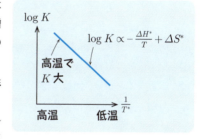

(g) $\log K = 0$ より，$T = 11.1 \times 10^3 \div 23.9 \fallingdotseq 460$ (K).

(h) 1 atm の NH_3 が α だけ解離したとすれば，その後の分圧は，NH_3 は $1-\alpha$，N_2 は $\frac{1}{2}\alpha$，H_2 は $\frac{3}{2}\alpha$ なので

$$\frac{\frac{\alpha}{2}\left(\frac{3\alpha}{2}\right)^3}{(1-\alpha)^2} = K \quad \rightarrow \quad \frac{27}{16}\alpha^4 = K(1-\alpha)^2$$

(i) 25 °C では α は小さいので，右辺を単に K とすれば，$\alpha = 0.031$．数 % レベルの解離である．$K = 1$ のときは $\alpha \fallingdotseq 0.57$ となる．

答 基本 6.5 (a) $N_2 + 3H_2$ のほうがエンタルピーの増え方が大きいのだから，解離のときのエンタルピーの上昇は大きくなる．

(b) 熱を加えて温度を上げたときの，1 mol 当たりのエントロピーの変化は，$C_P \frac{\Delta T}{T}$ を積分すればよい．したがって $N_2 + 3H_2$ のほうがエントロピーの上昇が大きく，ΔS^* も高温で増加する．

基本 6.6（電離と pH）(a) 水溶液中での酸 HA の

$$HA + H_2O \rightleftharpoons A^- + H_3O^+$$

という電離反応を考える．A は何らかの原子の集団である．HA, A^-（陰イオン），H_3O^+（陽イオン）の濃度は微小であり，溶媒 H_2O の濃度は反応の進行にかかわらずほぼ一定であるとすれば

$$\frac{[A^-][H^+]}{[HA]} = K \text{（定数）}$$

という化学平衡の法則が成り立つ．ただし $[A^-]$ などは各成分の濃度を表し，H_3O^+ は習慣で単に H^+ と表す．K は各成分の濃度には依存しないが温度には依存する定数であり，平衡定数といってもいいが，ここでは特に**電離定数**と呼ぶ．K も濃度の単位をもつ．濃度は 1 L 当たりの**モル濃度**で表し，mol/L あるいは mol/dm^3 と書く（1 dm = 10 cm）．希薄溶液ならば質量モル濃度（mol/kg）とほぼ同じである．

(a) 0.1 mol の HA を水に入れ 1 L の溶液を作った．電離する前は，HA の分子数の水分子数に対する割合はどれだけか（HA 部分の質量は水全体に比べて無視できる程度だとする）．

(b) このとき，入れた HA のうち 10 ％ が上記の反応をしたとする（**電離度**（解離度）α が 0.1）．電離定数 K を求めよ．

(c) 同じ物質を 0.01 mol 入れた水溶液 1 L での電離度は，0.1 より大きいか小さいか．

(d) 問 (c) での電離度を計算せよ．

(e) 水素イオン指数（pH）を，$\text{pH} = -\log_{10}[H^+]$ と定義する（厳密な定義はイオン濃度 $[H^+]$ ではなく活量（152 ページ参照）を使うが，通常は 0.1 程度しか変わらない）．

$$2H_2O \rightleftharpoons H_3O^+ + OH^-$$

という反応での化学平衡は，$[H^+][OH^-] = 10^{-14} \text{ mol}^2/\text{L}^2$ となる．このことから，純水の pH を求めよ．酸性の溶液（$[H^+] > [OH^-]$）とアルカリ性の溶液（$[H^+] < [OH^-]$）の pH はどの範囲にあるか．

(f) 問 (a) と問 (d) の状態の pH をそれぞれ求めよ．酸性度は強くなっているか弱くなっているか．

基本 6.7（電離と pH）電離定数が K である HA を n mol 入れて 1 L の水溶液を作ったときの pH を求めよ．濃度依存性を説明せよ．

第 6 章 化学反応の熱力学

答 基本 6.6 (a) 1 L の水は約 1 kg だから $\frac{1000}{18}$ mol. したがって分子数比は
$$0.1 \div \frac{1000}{18} = 0.0018$$
0.18 % である.

(b) $[A^-] = [H^+] = 0.01$ mol/L, $[HA] = 0.09$ mol/L $\to K = \frac{[A^-][H^+]}{[HA]} = 1.1 \times 10^{-3}$ mol/L.

(c) 濃度が減れば解離の割合は増える. 基本問題 6.1 参照.

(d) 電離度を α とすれば
$$[A^-] = [H^+] = 0.01 \times \alpha \text{ mol/L}, \quad [HA] = 0.01 \times (1-\alpha) \text{ mol/L}$$
$$\to \quad \frac{[A^-][H^+]}{[HA]} = 0.01 \times \frac{\alpha^2}{1-\alpha} \text{ mol/L} = K$$

この式に問 (b) の K の値を代入すると
$$0.01 \times \alpha^2 = 1.1 \times 10^{-3} \times (1-\alpha)$$

これを解くと, $\alpha = 0.28$.

(e) 純粋ならば $[H^+] = [OH^-] = 10^{-7}$ mol/L だから
$$\text{pH} = -\log_{10}[H^+] = 7$$

純水ではない場合でも, $[H^+][OH^-] = 10^{-14}$ mol^2/L^2 という関係は常に成り立っている. したがって, $[H^+] > [OH^-]$ ならば $[H^+] > 10^{-7}$ mol/L. したがって
$$\text{pH} = -\log_{10}[H^+] < 7$$

$[H^+]$ は原理的には 1 mol/L 以上にもなりうるので, pH は負にもなりうるが, 滅多にない. ただし鉛蓄電池内の溶液の pH は 0 程度になる. 極めて危険. 同様に, アルカリ性の場合は pH > 7. これも, 14 程度が現実的な上限値である.

(f) 問 (a) では $[H^+] = 0.01$ mol/L だから, pH $= -\log_{10} 0.01 = 2$. 問 (d) では $[H^+] = 0.0028$ mol/L だから, pH $= -\log_{10} 0.0028 = 2.6$. 中性の pH $= 7$ に近づいているのだから, 酸性度は弱くなっている.

答 基本 6.7 解離度を α とすれば, $[H^+] = \alpha n$ であり, $\frac{n\alpha^2}{1-\alpha} = K$. したがって, $\alpha = \frac{1}{2n}(\sqrt{K^2 + 4nK} - K)$ であり,
$$\text{pH} = -\log[H^+] = -\log \alpha n$$

$n \gg K$ の場合は $\alpha \simeq \sqrt{\frac{K}{n}}$ となるので
$$\text{pH} \simeq -\frac{1}{2}(\log K + \log n)$$

濃度 n が減ると pH は増える (酸性度は下がる) が, α は増えるので, n の効果は半分になっている (因子 $\frac{1}{2}$ に注意).

第6章 化学反応の熱力学

類題 6.3（化学平衡） $2CO + O_2 \longrightarrow 2CO_2$. という反応を考えよう.

(a) 25 °C でこれは発熱反応か. 吸熱反応か. ただしこの温度で, 標準生成エンタルピーはそれぞれ, $CO_2: -393.78$ kJ/mol, $CO: -110.54$ kJ/mol である.

(b) 標準エントロピーはそれぞれ, $CO_2: 213.64$ J/K mol, $CO: 197.90$ J/K mol, $C: 5.69$ J/K mol, $O_2: 205.03$ J/K mol である. それぞれの標準生成エントロピーを求めよ.

(c) 標準生成ギブズエネルギーはそれぞれ, $CO_2: -394.38$ kJ/mol, $CO: -137.27$ kJ/mol である. これは上記のデータとつじつまがあっているか.

(d) 上記の反応の, 25 °C での平衡定数 K を求めよ.

(e) O_2 の分圧が $P_{O_2} = 0.2$ atm であるとき, CO_2 と CO の分圧の比を求めよ.

(f) O_2 の分圧が $P_{O_2} = 0.2$ atm であるとき, CO_2 と CO の分圧を等しくするには, 温度は何度である必要があるか. ΔH^* や ΔS^* は温度に依存しないとして計算せよ.

類題 6.4（化学平衡） $CO + H_2O \longrightarrow CO_2 + H_2$ という反応を考えよう. ただしすべて気体であるとする.

(a) 25 °C でこれは発熱反応か. 吸熱反応か. ただしこの温度で, 標準生成エンタルピーはそれぞれ, $CO_2: -393.51$ kJ/mol, $CO: -110.54$ kJ/mol, $H_2O: -241.83$ kJ/mol である.

(b) 標準エントロピーはそれぞれ, $CO_2: 213.64$ J/K mol, $CO: 197.90$ J/K mol, $H_2O: 188.72$ J/K mol, $C: 5.69$ J/K mol, $O_2: 205.03$ J/K mol, $H_2: 130.59$ J/K mol である. それぞれの標準生成エントロピーを求めよ.

(c) 25 °C での標準生成ギブズエネルギーを計算し, 平衡定数 K を求めよ.

(d) 比率 $\frac{P_{CO}}{P_{CO_2}}$ を大きくしたい. 温度は上げたほうがよいか, 下げたほうがよいか. H_2 の割合は増やしたほうがよいか, 減らしたほうがよいか.

(e) 500 K で 1 atm の CO_2 と何 atm の H_2 を混ぜれば, 10% の CO_2 が還元（$CO_2 \to CO$）されるか.

類題 6.5（凝固点降下） 質量モル濃度が 0.1 mol/kg の電解質 BA の水溶液の凝固点が, -0.2 °C であった. この電解質の電離度 α を求めよ. ただし, 水の凝固点降下定数を 1.86 K kg/mol とせよ.

注 電離している部分に関しては, イオン B^+, A^- それぞれの数が粒子数になる. 凝固点降下定数については応用問題 5.5 を参照.

類題 6.6 (pH)　BOH の水溶液中での電離

$$\mathrm{BOH} \rightleftharpoons \mathrm{B}^+ + \mathrm{OH}^-$$

を考える．

$$\frac{[\mathrm{B}^+][\mathrm{OH}^-]}{[\mathrm{BOH}]} = K \ (\text{定数})$$

という化学平衡の法則が成り立つ．

(a) 0.1 mol の BOH を水に入れ 1 L の溶液を作った．このとき，入れた BOH のうち 10% が上記の反応をしたとする（電離度（解離度）α が 0.1）．電離定数 K を求めよ．

(b) 同じ物質を 0.01 mol 入れた水溶液 1 L での電離度を計算せよ．

(c) 問 (a) の場合の水溶液の，水素イオン指数（pH），$\mathrm{pH} = -\log_{10}[\mathrm{H}^+]$ を求めよ．BOH という物質の存在の有無にかかわらず

$$2\mathrm{H}_2\mathrm{O} \rightleftharpoons \mathrm{H}_3\mathrm{O}^+ + \mathrm{OH}^-$$

という反応での化学平衡は，$[\mathrm{H}^+][\mathrm{OH}^-] = 10^{-14}\ \mathrm{mol}^2/\mathrm{L}^2$ となっていることに注意せよ．

(d) 問 (b) の場合はどうか．

類題 6.7 (加水分解)　(a) 弱酸 HA と強塩基 BOH が反応してできた塩 BA は，水溶液中で，$\mathrm{B}^+ + \mathrm{A}^-$ と電離した後，

$$\mathrm{A}^- + \mathrm{H}_2\mathrm{O} \longrightarrow \mathrm{HA} + \mathrm{OH}^-$$

という反応を起こすので OH^- が生じアルカリ性になる（BA を分解して元の HA をもたらしたという意味で**加水分解**と呼ぶ）．この水溶液の pH を，BA のモル濃度 n と，加水分解係数 α を使って表せ（加水分解係数とは，上の反応が右に進む割合）．ただし $\mathrm{H}_2\mathrm{O}$ の分解による OH^- は少ないので無視してよい．

(b) この結果を，α の代わりに，弱酸 HA の電離定数

$$K = \frac{[\mathrm{H}^+][\mathrm{A}^-]}{[\mathrm{HA}]}$$

を使って表せ．ただし $\alpha \ll 1$ としてよい．

応用問題
※類題の解答は巻末

応用 6.1 (ΔH^* と ΔS^* の変化)　(a) 基本問題 6.5 では，化学反応での ΔH^* は，温度変化に対して一定ではありえないことを説明した（H^* とは標準状態（1atm）での 1 mol 当たりの H であり，ΔH^* は生成系と原系でのその差）．そこで議論した $2NH_3 \longrightarrow N_2 + 3H_2$ という例で

$$\Delta H^* = H^*_{N_2} + 3H^*_{H_2} - 2H^*_{NH_3}$$

の，25 ℃ と 460 K での差を計算せよ．ただし各気体の定圧モル比熱 C_P を N_2, H_2, NH_3 それぞれで $\frac{7}{2}R$, $\frac{7}{2}R$, $4.6R$ として計算せよ．
(b) ΔS^* はどうなるか．
(c) 460 K での ΔH^* と ΔS^* を使うと，$K = 1$ になる温度はどうなるか．

類題 6.8 (ΔH^* と ΔS^* の変化)　(a) 上問の計算からわかるように，定圧での H と S の変化には関係がある．実際，$\frac{\partial H}{\partial T}\big|_P = T \frac{\partial S}{\partial T}\big|_P$ という一般的な関係が成り立つことを示し，上問の結果もこの式を満たしていることを示せ．
(b) G の変化を求めるには次の式が使える．この式を証明せよ．

$$\frac{\partial}{\partial T} \frac{G}{T}\Big|_P = -\frac{H}{T^2}$$

応用 6.2 (反応の可逆性)　(a) 容器の中で 4 成分の気体が，$A_1 + A_2 \rightleftharpoons B_1 + B_2$ という化学反応に対して平衡状態になっている．熱を少し加えて温度を変えると，平衡状態は少し変化する．この変化は可逆過程（$\Delta S_\text{全} = 0$）であることを示せ．
(b) 真空の容器の中に気体 A_1 と A_2 を入れる．上記の化学反応が起こり平衡状態になった．この変化は不可逆（$\Delta S_\text{全} > 0$）であることを示せ．

応用 6.3 (最大非膨張仕事)　上問 (b) では，エンタルピーの減少はすべて熱として発生するという前提で不可逆性を導いた．しかしエンタルピーの減少をすべて熱にする必要はない．気体は膨張するときに仕事をするのと同様に，化学変化を起こしながら仕事をすることもできる．たとえば電池では化学反応で電気エネルギーが発生する．等温等圧での化学反応で取り出すことのできる，体積膨張以外の仕事の最大値が，ギブズエネルギーの差 $|\Delta G|$ で与えられることを示せ．
　注　熱の発生は，全エントロピーの変化を負にしない量だけあればよいことを使う．

第 6 章 化学反応の熱力学

答 応用 6.1 各気体の H^* の変化は $C_P \Delta T$ なので, $T_1 = 25\,°\text{C} = 298\,\text{K}$ から $T_2 = 460\,\text{K}$ までの 162 K の変化では

$$\Delta H^* \text{ の変化} = \left(4 \times \frac{7}{2}R - 2 \times 4.6R\right) \times (T_2 - T_1) = 4.8R \times 162\,\text{K}$$
$$= 6.5\,\text{kJ/mol}$$

25 °C では $\Delta H^* = 92.4\,\text{kJ/mol}$ なので,この変化は小さいといえるだろう.
(b) 基本問題 6.5 の解答で説明したように,1 mol 当たりのエントロピーの変化は $\frac{C_P \Delta T}{T}$ を積分すればよい.したがって $\int \frac{1}{T} dT = \log T$ より

$$\Delta S^* \text{ の変化} = \left(4 \times \frac{7}{2}R - 2 \times 4.6R\right) \log \frac{T_2}{T_1} = 42\,\text{J/K mol}$$

25 °C では $\Delta S^* = 198\,\text{J/K mol}$ なので,変化は無視できるほど小さくはない.
(c) $T = \frac{\Delta H^*}{\Delta S^*} = \frac{92.4 + 6.5}{0.198 + 0.042} = 412$ (K)

答 応用 6.2 (a) 平衡状態にあるのだから,A 系と B 系の(1 mol 当たりの)G は等しい.したがって A 系から B 系への反応が微小に進んでも $\Delta G = 0$.すなわち

$$\Delta G = \Delta H - T\Delta S = 0$$

与えた熱を Q とすれば,それが反応に使われたのだから,$\Delta H = Q$.したがって,気体全体のエントロピーの変化は $\Delta S = \frac{\Delta H}{T} = \frac{Q}{T}$.

一方,環境から Q の熱を提供したのだから,環境のエントロピー S_e は $\Delta S_\text{e} = -\frac{Q}{T}$ だけ変化している.以上より,$\Delta S + \Delta S_\text{e} = 0$.
(b) 非平衡状態から平衡状態に向かうのだから $\Delta G < 0$.すなわち

$$\Delta H < T\Delta S$$

$Q = -\Delta H$ だけの発熱があるのだから($Q < 0$ ならば吸熱),それによる $\Delta S_\text{e} = -\frac{\Delta H}{T}$ だけの環境のエントロピー変化がある.以上より,$\Delta S + \Delta S_\text{e} > 0$.

答 応用 6.3 化学反応で外部に取り出した<u>体積変化以外による仕事</u>を W とする.またそのときの発熱を Q とする(どちらも外部に与える場合を正とする).反応でのエンタルピーの増加を ΔH とすると,第 1 法則より,$\Delta H + W + Q = 0$.またこのときの,反応する物質のエントロピーの増加を ΔS とすると,環境の変化も加えた全エントロピーの変化は正でなければならないから,

$$\Delta S + \frac{Q}{T} \geqq 0 \quad \rightarrow \quad W = -\Delta H - Q \leqq -\Delta H - T\Delta S = -\Delta G$$

注 W に体積変化による仕事を含めておけば上式の ΔH は ΔU になるので,右辺は ΔG ではなく ΔF になり,応用問題 4.2 の法則に一致する.

金属の酸化還元

A を固体状態の何らかの金属原子とし，それを酸素気体に接触させたとき

$$A + \tfrac{1}{2} O_2 \longrightarrow AO$$

という酸化反応を起こすか，という問題を考える．温度は決まっているとし，平衡状態になるための酸素気体の圧力 P を求めたい．A や AO は固体なので原子レベルで混ざり合うことはない．つまりどちらも純粋状態とみなせる．したがって，化学ポテンシャル，すなわちモルギブズエネルギーが等しいという平衡条件は，温度が決まっている場合，酸素気体の圧力 P（気体内の酸素の分圧）を変えることによってのみ満たされる（固体のギブズエネルギーは圧力にはほとんど依存しない）．酸素の分圧がそれよりも高ければ酸化反応（上式の右向きの反応）が起こり，低ければ還元反応（左向きの反応）が起こる．

酸素気体のモルギブズエネルギーをこれまでのように

$$G_O(P) = G_O^* + RT \log \tfrac{P}{P^*}$$

と書けば，平衡条件は

$$\tfrac{1}{2} RT \log \tfrac{P}{P^*} = G_{AO}^*$$
$$\to \quad P = P^* e^{2G_{AO}^*/RT}$$

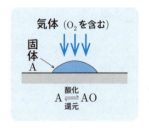

G_{AO}^* は AO の標準生成ギブズエネルギーである．生成エネルギーで考えるので，単体の G^* は式には出てこない（すべてゼロ）．

問題 6.1　（銀の酸化）　(a)　銀 Ag の場合の反応式は

$$2Ag + \tfrac{1}{2} O_2 \rightleftharpoons Ag_2O$$

となる．酸化銀 Ag_2O の標準生成ギブズエネルギーを G^* と書いて，平衡状態の酸素の分圧（平衡分圧）P を求める式を導け．Ag の前の係数はどう影響するか．
(b)　25℃では $G^* = -11.2\,\text{kJ/mol}$ である．この温度での酸素の平衡分圧を求めよ．
(c)　Ag_2O の標準生成エンタルピーは $H^* = -31.05\,\text{kJ/mol}$ である．酸化反応は発熱反応か吸熱反応か．
(d)　温度を上げると，平衡分圧は上がるか下がるか．
(e)　一般に高温になると金属は酸化しなくなるが，大気中で Ag が酸化しうる最高温度はどれだけか．大気中の酸素の分圧を約 $0.2\,\text{atm}$ とし，H^* も S^* も温度に依存しないとして計算せよ．

第 6 章 化学反応の熱力学

問題 6.2　(鉄の還元)　$Fe_2O_3 + 3CO \longrightarrow 2Fe + 3CO_2$ という，一酸化炭素による酸化鉄の還元反応を考える．標準状態 (25 °C) での CO と CO_2 の平衡分圧の比を求めよ (その比よりも CO が多ければ還元反応が起こる)．ただし G^* の値は以下のとおりとせよ．

Fe_2O_3：-742 kJ/mol,　　CO：-137 kJ/mol,　　CO_2：-394 kJ/mol

答 問題 6.1　(a) Ag は単体なので，ここに係数 2 が付いても平衡条件は変わらない．すなわち

$$P = P^* e^{2G^*/RT}$$

(b)　$P^* = 1$ atm, $G^* = -11.2$ kJ/mol, $T = 298$ K を代入すれば

$$\frac{2G^*}{RT} = -9.04 \quad \rightarrow \quad P = 1.2 \times 10^{-4} \text{ atm}$$

(c)　$H^* < 0$ なので，酸化で H は減少する．その分のエネルギーが出るのだから発熱反応である．

(d)　反応式で，右向きに発熱反応なので，高温では右側に進みにくくなる．つまり酸化のためには酸素の分圧を増やさなければならない．

(e)　$\frac{G^*}{RT} = \frac{H^*}{RT} - \frac{S^*}{R}$ であり，H^* と S^* は温度に依存しないということだから，温度 T_1 と温度 T_2 での平衡分圧 (それぞれ P_1 と P_2 とする) の比は

$$\frac{P_1}{P_2} = e^{H^*/R(1/T_1 - 1/T_2)}$$

すなわち

$$\frac{1}{T_1} - \frac{1}{T_2} = \frac{R}{H^*} \log \frac{P_1}{P_2}$$

$P_1 = 0.2$ atm, $P_2 = 1.2 \times 10^{-4}$ atm, $T_2 = 298$ K を代入すれば

$$\frac{1}{T_1} = \frac{1}{298} - \frac{8.3}{31.05 \times 10^3} \log \frac{0.2}{1.2 \times 10^{-4}}$$

$$\simeq 3.36 \times 10^{-3} - 1.99 \times 10^{-3} \simeq (7.3 \times 10^2)^{-1}$$

つまり分圧が充分ではなく大気中で酸化しなくなる温度は約 700 K である．

答 問題 6.2　平衡条件は

$$G^*_{酸化鉄} + 3G^*_{CO} + 3RT \log \frac{P_{CO}}{P^*} = 3G^*_{CO_2} + 3RT \log \frac{P_{CO_2}}{P^*}$$

$$\rightarrow \quad \log \frac{P_{CO}}{P_{CO_2}} = \frac{1}{RT}\left(G^*_{CO_2} - G^*_{CO} - \frac{1}{3} G^*_{酸化鉄}\right)$$

数値を代入すると

$$\log \frac{P_{CO}}{P_{CO_2}} \simeq -3.9 \quad \rightarrow \quad \frac{P_{CO}}{P_{CO_2}} = 0.20$$

還元には，CO_2 の 20 % 以上の分圧の CO の存在を必要とする．

水素燃料電池

気体を使った電池を考えよう.

$$H_2 + \tfrac{1}{2} O_2 \longrightarrow H_2O$$

という反応が直接起きれば（水素の燃焼），発生するエネルギーは熱になってしまうが，右図のような装置を使えば電気エネルギーを得ることもできる.

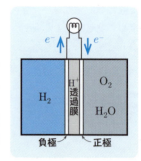

図の左右にはそれぞれ H_2，および O_2 と H_2O が充満しており，境界の膜は H^+ のみを通す（水素イオン透過膜と呼ばれ，H^+ が入る隙間のある構造をもつ）.

左側（負極）での反応: $H_2 \longrightarrow 2H^+ + 2e^-$

右側（正極）での反応: $\tfrac{1}{2} O_2 + 2H^+ + 2e^- \longrightarrow H_2O$

H^+ は膜を透過したイオンであり，e^-（電子を表す）は外部の回路を通って移動する. 回路でも熱は発生しうるが，モーターを動かしたり，蓄電池を通して電気エネルギーを蓄えることもできる. その分のエネルギーだけ反応熱は減る.

応用問題 6.3 によれば，取り出せる電気エネルギーの最大値は，反応でのギブズエネルギーの減少に等しい. 温度は決まっているとし，成分 i（分圧 P_i）の，1 mol 当たりの G を，これまでのように

$$G_i(P_i) = G_i^* + RT \log P_i$$

と書けば（G_i^* は 1 atm での値），$H_2:1$ mol が上記の反応をしたときの，全体の G の変化は

$$\Delta G = \Delta G^* + RT \log \frac{P_{H_2O}}{P_{H_2} P_{O_2}^{1/2}}$$

ただし $\Delta G^* = G_{H_2O}^* - G_{H_2}^* - \tfrac{1}{2} G_{O_2}^* = -237 \text{ kJ/mol}$

である. 最後の数値は，25 °C での H_2O の標準生成ギブズエネルギーである（温度は 25 °C）. このとき 2 mol の電子が移動する. 1 mol の電子の全電荷（ファラデー定数という）を F と書こう（$F = 96485$ C/mol $\fallingdotseq 96.5$ kJ/V mol）. 電位差 V のところを $2F$ の電荷が移動すれば消費電力は $2FV$ である. したがって

$$2FV = -\Delta G = -\Delta G^* + RT \log \frac{P_{H_2O}}{P_{H_2} P_{O_2}^{1/2}}$$

これが，電池の起電力 V を求める式である.

第 6 章 化学反応の熱力学

問題 6.3 (a) (i) 分圧がすべて 1 atm だったら起電力はどうなるか．
(ii) $P_{H_2} = 5$ atm，$P_{O_2} = 0.2$ atm，$P_{H_2O} = 0.01$ atm だったらどうなるか．

⚠ 本問，および以下の問題を解くときは，温度は 25 °C とせよ．

(b) 問 (b) では，すべての成分の分圧が 1 atm であるとする．
(i) この装置で 1 mol の H_2 が反応したとき，どれだけの発熱があるか．ただし，H_2O の標準生成エントロピーを -163 J/K mol とせよ．
(ii) この発熱をゼロにすることは可能か．
(iii) 1 mol の H_2 が直接燃焼した場合は，どれだけの生成熱が発生するか．
(iv) 問 (i) と問 (iii) の差は何に相当するか．

答 問題 6.3 (a) (i) $V = -\frac{\Delta G^*}{2F} = 237$ kJ/mol $\div (2 \times 96.5$ kJ/V mol$) = 1.23$ V
(ii) $V = 1.23$ V $+ \frac{RT}{2F} \log \frac{0.01}{5 \times 0.2^{0.5}} = 1.16$ V

⚠ 電池内で不可逆過程が起これば電圧は減るが，それは通常，電池の内部抵抗による電圧降下として扱われる．

(b) (i) 理想的に機能しているときは可逆なので全エントロピーの変化はゼロ．つまり発熱により，外部環境に 163 J/K mol のエントロピー増加がなければならない．受けた熱はそれに T を掛けたものだから

$$発熱量 = 163 \text{ J/K mol} \times 298 \text{ K} = 48.6 \text{ kJ/mol}$$

(ii) 全エントロピーは減らないのだから，発熱をこれより減らすことは不可能．
(iii) 燃焼では標準エンタルピーの減少分だけ発熱する．

$$発熱量 = -H^* = -G^* - TS^* = 237 \text{ kJ/mol} + 48.6 \text{ kJ/mol} = 286 \text{ kJ/mol}$$

(iv) この違いの分だけ電気エネルギーが発生したのである．

類題 6.9（濃淡電池） 左ページと似たような装置だが，左右どちらにも酸素が入っており，その圧力は異なるとする（$P_1 > P_2$ とする）．また境界の膜は酸素イオン O^{2-} を通すが電子は通さない．

左側（正極）での反応： $O_2 + 4e^- \longrightarrow 2O^{2-}$
右側（正極）での反応： $2O^{2-} \longrightarrow O_2 + 4e^-$

左側で発生した O^{2-} は膜を通って右側に移動する．電子は外部の回路を通って右側から左側に移動する．この装置の電圧 V は $4FV = RT \log \frac{P_1}{P_2}$ となることを説明せよ．

活量

溶液が関係する電池の場合には，**活量**（activity，通常 a と書く）という量を定義しておかなければならない．応用問題 5.4 で，希薄溶液の溶質の μ の話をした．モルギブズエネルギー G で表すと，濃度 x_i の溶質 i（$x_i \ll 1$ とする）の G は，

$$G_i(x_i) \fallingdotseq G_{i0} + RT \log x_i \tag{$*$}$$

という，理想気体と同じ形に書ける．しかし厳密にはこれは x_i が非常に小さい極限でしか成り立たず，厳密に成り立つ関係として

$$G_i(x_i) = G_{i0} + RT \log a_i \tag{$**$}$$

によって a_i を定義し，a_i を活量，$\gamma_i = \frac{a_i}{x_i}$ を**活量係数**という．G_0 は式 ($*$) で定義される量であり，γ_i は，濃度 x_i を表す単位には依存しない無次元の数になる．これらは定数ではなく，温度や濃度に依存する量である．

電解質（正負のイオンに解離する物質）では，イオンごとに活量を定義することはできず，平均として定義される．たとえば A^+ と B^- に解離しうる物質 AB の場合，平均活量を a_{AB} と書けば

$$G_{AB}(x_{AB}) = G_{AB0} + RT \log a_{AB}^2$$

である．対数の中は 2 乗になっているが，A，B それぞれの a を掛けたと考える．$\gamma_{AB} = 1$ だったら，AB は完全に解離し，しかも各イオンは独立に振る舞う粒子とみなせることを意味する．しかしイオンは互いに引力を及ぼし合っているので完全に独立した粒子とはいえず，強電解質でも希薄な場合を除き γ は 1 よりかなり小さい．弱電解質の電離度（基本問題 6.6）は，イオンを独立した粒子とみなすとしたらどれだけ電離しているとみなせるかを表している．浸透圧，凝固点降下，沸点上昇などの公式に現れる溶質のモル分率 x も，厳密にはは γ を考慮して考えなければならない．逆にいえば，これらの量の測定によって γ が求められることになる．

問題 6.4 (a) 電解質 AB の平均活量係数が $\gamma = 0.7$ だったら，AB 1 つ当たり何個の独立した粒子とみなせるか．
(b) 濃度が増えると a は増えるか減るか．γ は増えるか減るか．

問題 6.5 （ダニエル電池） (a) 右図のような，亜鉛 Zn と銅 Cu，およびそれらの硫酸塩溶液で作る電池を考える．各極で起きている反応は

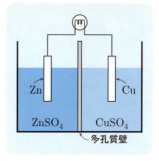

Cu 側（正極）： $Cu^{2+} + 2e^- \longrightarrow Cu$

Zn 側（負極）： $Zn \longrightarrow Zn^{2+} + 2e^-$

前項と同様にして，発生する電気エネルギーは G の変化に等しいということから，この電池の起電力 V が

$$2FV = -\Delta G^* - RT \log \frac{a^2(ZnSO_4)}{a^2(CuSO_4)}$$

という形で表されることを説明せよ．このとき ΔG^* はどのように表されるか．

(b) この式から，電池を使用していると起電力が減少することを説明せよ．それは直観的に理解できることか．

答 問題 6.4 (a) A，B それぞれで 0.7 個ということだから，合計 1.4 個．

(b) 濃度 x が増えれば，それを多少補正した a も増える．しかし濃度が増えると解離は減るのだから γ は減る．逆に希薄な極限では $\gamma \to 1$ となる．

答 問題 6.5 (a) $2FV = -\Delta G = -G(Cu) - G(ZnSO_4) + G(CuSO_4) + G(Zn)$

だが，固体金属の G は圧力には依存しない定数（G^* に等しい）であり，硫酸塩のほうは

$$G(ZnSO_4) = G_0(ZnSO_4) + RT \log a^2(ZnSO_4)$$

などのように書けることを考えれば

$$\Delta G^* = G^*(Cu) + G_0(ZnSO_4) - G_0(CuSO_4) - G^*(Zn)$$

とすれば

$$上式右辺 = -\Delta G^* - RT \log \frac{a^2(ZnSO_4)}{a^2(CuSO_4)}$$

となる．ただし G_0 がこれまでの標準ギブズエネルギー G^* に一致する理由はないので，ΔG^* は標準ギブズエネルギーの差とはいえない．

(b) 反応が進むと $ZnSO_4$ の濃度は増えるので $a^2(ZnSO_4)$ は増える．また $CuSO_4$ の濃度は減るので $a^2(CuSO_4)$ は減る．したがって対数の中は増えるので，V は減る．反応の生成物が増えて平衡状態に近づけば反応を進めようとする傾向は弱まる．したがって電圧が減るのは自然である．

第7章 ボルツマン因子と等分配則

> **ポイント**

- **ボルツマン分布** 温度 T の対象物が，エネルギー E の，ある<u>微視的状態</u> i になる確率 $p_i(E)$ は，比例係数を Z^{-1} と書くと

$$p_i(E) = Z^{-1} e^{-E/kT} \tag{7.1}$$

となる．これを**ボルツマン分布**といい，$e^{-E/kT}$ を**ボルツマン因子**という．Z は（E に依存しない）T の関数である．

注1 上の説明で，微視的状態としていることに注意．対象物のエネルギーが E になる確率ではない！（理解度のチェック 7.1）●

注2 外力の効果を含めることもあるので，U ではなく E と書いた．●

- **逆温度 β** $\frac{1}{kT} = \beta$ という記号を導入しておくと便利である．温度の逆数に比例するので**逆温度**と呼ばれる．これを使えばボルツマン因子は $e^{-\beta E}$ となる．
- **分配関数** 比例係数は，確率の合計が1になるという条件から

$$Z = \sum_i e^{-\beta E_i} \tag{7.2}$$

すべての微視的状態 i に対する和（あるいは積分）である．Z を**分配関数**という．
- **熱力学の諸量** 熱力学的諸量は Z から計算することができる．

$$E = -\frac{1}{Z}\frac{\partial Z}{\partial \beta} = -\frac{\partial}{\partial \beta}\log Z = kT^2 \frac{\partial}{\partial T}\log Z \tag{7.3}$$

$$F = -\frac{1}{\beta}\log Z = -kT \log Z \tag{7.4}$$

- 体積 V，粒子数 N，温度 T の**単原子理想気体の分配関数**は

$$Z \propto \frac{V^N}{N!}\beta^{-3N/2} \propto \frac{V^N}{N!}T^{3N/2} \tag{7.5}$$

単原子分子ではない場合，近似的には指数 $\frac{3N}{2}$ を αN とすればよい．
- 分子のある種の運動が常温で比熱に寄与しないことは，エネルギー E_i がとびとびに変わること（量子力学的現象）と，そのときのボルツマン因子の小ささによって説明される（**運動の凍結**… 理解度のチェック 7.5，基本問題 7.6）．
- ボルツマン分布は対象物がミクロな場合にも使える．たとえば温度 T の理想気体内の分子が速度 v をもつ確率は，運動エネルギー $\frac{M}{2}v^2$ を $E_\text{運}$ と書けば，$e^{-\beta E_\text{運}}$ に比例する．これを特に**マクスウェル–ボルツマン分布**という．

第7章 ボルツマン因子と等分配則

■コラム

ボルツマン因子と分配関数の背景説明── 対象物が大きな環境に囲まれ，温度一定に保たれている状況で平衡状態を決めるのは，（ヘルムホルツの）自由エネルギー F を最小にするという条件だった（84 ページ）．その証明（基本問題 4.3）を別の角度から見てみよう．

内部エネルギーを決めたときの対象物の微視的状態数を $\rho(U)$，環境の微視的状態数を $\rho_e(U_e)$ とすれば，全エネルギー U_0 のうち U（$\ll U_0$）を対象物が得ているという微視的状態の数は

$$\rho_e(U_0 - U)\rho(U) \tag{7.6}$$

である．これは，このようにエネルギーが分配される確率に比例する．

基本問題 4.3 では，この式の対数を取ってエントロピーの和にし

$$k \log \rho_e(U_0 - U) = S_e(U_0 - U) \fallingdotseq 定数 - \frac{1}{T}U \tag{7.7}$$

と展開した．これを式 (7.6) に戻すと（$k \log \rho = S$）

$$式(7.6) \propto \rho(U)e^{-U/kT} = e^{-(U-TS)/kT} \tag{7.8}$$

となり，$U - TS$（$= F$）を最小にする U が，式 (7.6) を最大にする U であることがわかる．$e^{-U/kT}$ が左ページのボルツマン因子に他ならない．そしてこれまでの考え方では，与えられた T に対して F を最小にする U を求め，それを $F = U - TS$ の式に代入して U を消去し，実現される状態の F を T の関数として得た．

等重率の原理によれば，すべての微視的状態は同確率で起こる（と考える）．したがって，どのような U をもつ微視的状態数も同確率で起こるが，実際には微視的状態数が圧倒的に大きくなる U の値があり，そこだけを考えれば十分だというのが以上の考え方の基本である．しかしすべての U が可能ならば，式 (7.6) ですべての U の可能性を足し合わせ（積分し），それから $F(T)$ を計算するという方法も考えられる．実際，

$$Z(T) = \int \rho(U)e^{-U/kT}\,dU \tag{7.9}$$

と，T の関数 $Z(T)$ を定義すると（分配関数に相当する），上記の $F(T)$ とは

$$Z(T) = 定数 \times e^{-F(T)/kT} \tag{7.10}$$

という関係になる（類題 7.4）．したがって，

$$F(T) = -kT \log Z + (粒子数が膨大なときに無視できる量) \tag{7.11}$$

これが左ページの式 (7.4) である．このような考え方は Z を計算するうまい手段がある場合に威力を発揮し，統計力学での基本的手法となっている．**正準分布（カノニカル分布）**の方法という．

第7章 ボルツマン因子と等分配則

理解度のチェック ※類題の解答は巻末

理解 7.1（ボルツマン分布） (a) ボルツマン分布 (7.1) は，温度 T の対象物が，エネルギー E の，ある微視的状態 i になる確率である．では，温度 T の，この対象物のエネルギーが E である確率は，ボルツマン分布を使ってどう表されるか．ポイントの右ページで導入した記号も使って表せ．
(b) 少なくとも平衡状態では，温度 T が決まれば，対象物のエネルギー E は決まるはずである．しかしボルツマン分布では，T と E はあたかも別個の量のように扱われており，T が決まっても E は決まっていない．どう考えればこれは矛盾ではないか説明せよ（ここでは言葉で説明すればよい）．

理解 7.2（分配関数） 和で書かれた分配関数の式 (7.2) と，積分で書かれた式 (7.9) が同等であることを説明せよ．式 (7.9) の因子 ρ は，式 (7.2) の何に対応しているか．

理解 7.3（実現確率） ボルツマン因子によれば，エネルギーが小さい状態のほうが，実現確率が大きい．このことから，運動エネルギーの場合，最小値はゼロなので，気体中の分子の運動エネルギーはゼロになる確率が一番大きいといえるか．

類題 7.1（重力エネルギー） 応用問題 4.3 では，細い管でつながった上下の容器に，気体分子がどのように分布するかという問題を考えた．そのときの結論は，上下の粒子数の比率が $Ve^{-Mgx/kT}$ に比例するということだった．その結論をボルツマン分布という考えから導け．

類題 7.2（電子の励起状態） 理想気体の分子を考えるとき，本書では電子は基底状態にあるとみなし，電子の状態の多様性は考えなかった．たとえば酸素分子の場合，基底状態よりも約 $1\,\mathrm{eV}$ ($\simeq 1.6 \times 10^{-19}\,\mathrm{J}$) だけエネルギーの大きい状態（**励起状態**という）がある．気体の温度が $300\,\mathrm{K}$ の場合に，電子がそのような状態にある分子の割合を求めよ．$3000\,\mathrm{K}$ だったらどうなるか．

第7章 ボルツマン因子と等分配則

答 理解 7.1 (a) 対象物が膨大な数の粒子を含む系であるとすれば，エネルギー E の値を決めても，そうなる微視的状態は無数にある．その数を $\rho(E)$ と書こう．その1つ1つが出現する確率がボルツマン分布 $p(E)$ であり，どの微視的状態であるかを問わないとすれば，エネルギーが E になる確率は

$$\rho(E) \times p(E)$$

となる．

(b) E が増加するとき，$p(E)$ は急激に減少する関数である．一方，$\rho(E)$ は，粒子数が大きければ急激に増大する（第3章参照）．そしてその積は，T によって決まる，どこかの E に鋭いピークをもつ関数になる．そのピークの幅が非常に狭ければ，E の値は T によって決まるとみなしてよい（具体的な計算は基本問題7.3参照）．

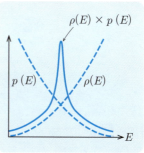

答 理解 7.2 式 (7.2) は，すべての微視的状態に対する和である．しかしエネルギー E を決めたとき，その値をもつ微視的状態数は一般に複数個あり，それだけの数を足さなければならない．式 (7.9) ではその個数を ρ で表し，あらかじめボルツマン因子を ρ 倍した上で足している．

答 理解 7.3 運動エネルギーは速さ v で決まる．v は速度ベクトル $\boldsymbol{v} = (v_x, v_y, v_z)$ の絶対値であり，速さ v が決まっていてもベクトル $\boldsymbol{v}$ の方向はさまざまである．右の図の $\boldsymbol{v}$ の3次元空間を見ればわかるように，ある特定の v を与える $\boldsymbol{v}$ の可能性は，半径 v の球面の面積 $4\pi v^2$ に比例する．それは v が大きくなれば増えるので，v が大きくなったときボルツマン因子は減っても，可能性の大きさは増え，確率全体として

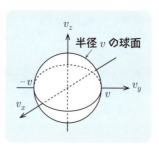

はその積を考えなければならない．特に $v=0$ のときはボルツマン因子は最大でも v の可能性はゼロになるので，確率はゼロである（詳しい計算は類題7.5参照）．

|理解|7.4 （エネルギーの基準点） (a) エネルギーという量は基準点 ($E=0$) の決め方に依存する量である．エネルギーの基準点 ($E=0$) を ΔE だけ下げると，すべての状態のエネルギーは ΔE だけ増える．そのとき分配関数はどのように変わるか．それから計算される E や F はどのように変わるか．

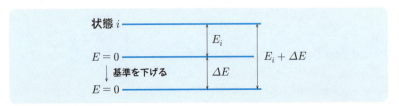

|理解|7.5 （運動の凍結） 量子力学では，系のエネルギーはとびとびになる．それを $E_0 = 0, E_1, E_2, \ldots$ と書こう（$E_0 < E_1 < E_2 < \cdots$ である）．基底状態（最低エネルギーの状態）のエネルギーがゼロとなるようにエネルギーの基準点を選んだ（そうしなかったらどうなるかは上問を参照）．温度が十分低いと E_1 などは kT よりもかなり大きくなり，$i=0$ を除いて $\frac{E_i}{kT} \gg 1$ となってボルツマン因子 $e^{-E_i/kT}$ は，$E_0 = 0$ を除いては無視できる（ゼロと近似できる）ようになる．すると Z はどうなるか．Z から計算される熱力学諸量はどうなるか．

|理解|7.6 （粒子別の分配関数） 粒子数 N 個の物体があり，その状態は，各粒子のエネルギー ε_i ($i = 1 \sim N$) で指定され，また全エネルギーは

$$E = \varepsilon_1 + \varepsilon_2 + \cdots + \varepsilon_N$$

というように和で表されるとする（つまり粒子間の力（相互作用）によるエネルギーはないとする）．そのとき，物体全体の分配関数 Z は，各粒子の分配関数 z_i の，1 から N までの積で表されることを示せ．ただし粒子 i の分配関数 z_i とは，可能なさまざまな ε_i の値を $\varepsilon_i^{(j)}$ とすれば

$$z_i = \sum_j e^{-\beta \varepsilon_i^{(j)}}$$

注1 状態はエネルギーだけで指定できるとしており，粒子の位置は考えていない．その意味でこの問題は，理想気体に近いが同じではない．理想気体については基本問題 7.6 を参照．

注2 これは，1 つの粒子のエネルギーが 2 つの部分からなっている場合にも使える（たとえば分子の回転のエネルギーと並進運動のエネルギー）．それぞれについての分配関数の積を考えればよい．

第 7 章 ボルツマン因子と等分配則

答 理解 7.4 E_i が $E_i + \Delta E$ になれば，ボルツマン因子は

$$e^{-\beta E_i} \quad \to \quad e^{-\beta \Delta E} e^{-\beta E_i}$$

となる．すべてに共通の因子 $e^{-\beta \Delta E}$ が掛かるので，分配関数は

$$Z \to e^{-\beta \Delta E} Z, \qquad \log Z \to \log Z - \beta \Delta E$$

これを式 (7.3), (7.4) に代入すれば，E や F は ΔE (定数) だけ増えることがわかる (基本問題 7.2 に示した式を使えば，圧力，エントロピーや比熱は何も変わらないころがわかる．エネルギーを測る基準点を変えただけなので，物理的には何も変わらない).

答 理解 7.5 $e^{-\beta E_0} = e^0 = 1$ であり，他のボルツマン因子はすべて無視すれば，$Z = 1$, $\log Z = 0$ となる．したがって，すべての熱力学的諸量はゼロになる．基底状態しか考えないということだから，状態が確定しており統計的考察が入り込む余地はない．

注 たとえば理想気体の分子では，常温では振動がこのようになる．つまり振動という運動は常温ではきかない．凍結されるという．回転運動も低温では凍結される．また逆に，温度が上がると多くの種類の運動が関与するようになる． ●

答 理解 7.6 物体全体の微視的状態は，各粒子のエネルギーのセット

$$(\varepsilon_1, \varepsilon_2, \varepsilon_3, \ldots)$$

で表される．微視的状態での和とは，このようなセットすべてに対する和である．また物体全体のボルツマン因子は

$$e^{-\beta E} = e^{-\beta \varepsilon_1} e^{-\beta \varepsilon_2} \cdots e^{-\beta \varepsilon_N}$$

と，各粒子のボルツマン因子に分解できるので

$$Z = \sum e^{-\beta E} = \sum_{\text{各粒子のエネルギーのセット}} e^{-\beta \varepsilon_1} e^{-\beta \varepsilon_2} \cdots e^{-\beta \varepsilon_N}$$

$$= \left(\sum e^{-\beta \varepsilon_1}\right)\left(\sum e^{-\beta \varepsilon_2}\right) \cdots \left(\sum e^{-\beta \varepsilon_N}\right) = z_1 \times z_2 \times \cdots \times z_N$$

基本問題 ※類題の解答は巻末

基本 7.1（Z と U および F） (a) エネルギーを Z から求める式 (7.3) を，式 (7.2) を使って計算し，結果がもっともであることを示せ．
(b) $F = -kT \log Z$ から出発し，$U = F + TS$ と $S = -\frac{\partial F}{\partial T}$ を使って式 (7.3) を導け（ここでは E と U を同一視する）．

基本 7.2（P と S の表現） 状態 i がもつ圧力を P_i とすれば，その平均値は $\sum P_i p_i$ である．実際，$P = \frac{\partial F}{\partial V}\big|_T = \sum P_i p_i$ となることを示せ．

ヒント 純粋に力学的な関係式 $\frac{\partial E_i}{\partial V} = P_i$ を使う．E_i は T には関係のない量だが，対象物の形態には依存する．

(b) 同様に，エントロピーは $-k \log p_i$ の平均値であること，すなわち
$$S = -\frac{\partial F}{\partial T}\bigg|_V = -k \sum p_i \log p_i$$
を示せ．

類題 7.3（エントロピーの定義） 従来のエントロピーの定義によれば，エネルギーの決まった系のエントロピー $S(E)$ は，エネルギー E をもつ微視的状態数を $\rho(E)$ として，$S = k \log \rho$ であった．上問 (b) で得た $S = -k \sum p_i \log p_i$ という関係は，この場合にも成立することを示せ（等重率の原理が成り立つとする）．

基本 7.3（ピークの位置と幅） 理解度のチェック 7.1 (b) で，積 $\rho(E) p(E)$ は，温度によって決まる鋭いピークができるはずだという話をした．$\rho(E) \propto E^{cN}$ としたとき（c は 1〜10 程度の定数，N は粒子数），ピークの位置 E_0 はどこになるか．ピークの幅はどの程度になるか（E は E_0 からどの程度ずれうるか）．

ヒント 対数で考え，$\log(\rho p)$ をピークの周りに 2 次まで展開せよ．

類題 7.4（分配関数と F の関係） 上問を参考にしながら，式 (7.10) と式 (7.11) を証明せよ．ただし ρ については上問と同じ仮定をせよ．

ヒント 鋭いピークをもつ関数の積分は，ピークの高さ × ピークの幅 という計算でおおまかな値が得られることを使う．曖昧さは粒子数が膨大なときは無視できることも説明せよ．

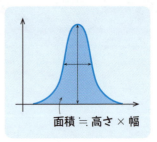
面積 ≃ 高さ × 幅

第7章　ボルツマン因子と等分配則

答 基本 7.1 (a) $\frac{1}{Z}\frac{\partial Z}{\partial \beta} = -\frac{1}{Z}\frac{\partial}{\partial \beta}\left(\sum e^{-\beta E_i}\right) = \frac{1}{Z}\sum E_i e^{-\beta E_i} = \sum p_i E_i$. 最右辺は確率分布が p_i のときにエネルギー E の平均値を求める式に他ならない．さらに基本問題 7.3 より，粒子数が膨大なときはエネルギー分布は1か所に集中しているので，そのときは平均値は確定値といってよい．

(b) $S = -\frac{\partial F}{\partial T} = k\log Z + kT\frac{\partial \log Z}{\partial T}$ より
$$U = -kT\log Z + T\left(k\log Z + kT\frac{\partial \log Z}{\partial T}\right) = kT^2\frac{\partial \log Z}{\partial T}$$

答 基本 7.2 (a) V での偏微分では温度 T は定数とみなすので，
$$\frac{\partial F}{\partial V} = -\frac{kT}{Z}\frac{\partial Z}{\partial V} = \frac{kT}{Z}\sum \frac{\partial e^{-\beta E_i}}{\partial V}$$
$$= -\frac{kT}{Z}\sum \frac{\partial(-\beta E_i)}{\partial V}e^{-\beta E_i}$$
$$= \sum P_i p_i$$

最後は，$\beta = \frac{1}{kT}$ と，ボルツマン分布の式 $p_i = \frac{1}{Z}e^{-\beta E_i}$ を使った．

(b) 最右辺 $= -k\sum p_i\left(-\frac{E_i}{kT} - \log Z\right) = \frac{1}{T}\sum p_i E_i + k\log Z$. $\sum p_i = 1$ を使った．一方

$$-\frac{\partial F}{\partial T}\bigg|_V = \frac{\partial(kT\log Z)}{\partial T} = k\log Z + \frac{kT}{Z}\frac{\partial Z}{\partial T}$$
$$= k\log Z + \frac{kT}{Z}\sum \frac{E_i}{kT^2}e^{-E_i/kT}$$
$$= k\log Z + \frac{1}{T}\sum E_i p_i = 上式$$

答 基本 7.3 対数で計算したほうが容易である．
$$\log(\rho p) = \log \rho + \log p = cN\log E - \frac{E}{kT} + 定数$$
なので，ピークの位置 E_0 は
$$\frac{d}{dE}(上式) = \frac{cN}{E_0} - \frac{1}{kT} = 0$$
より，$E_0 = ckNT$ (1粒子た当たりでは $\frac{E_0}{N} = ckT$)．また，ピークの周りでの展開式は (1次の微分はゼロなので $E - E_0$ の1次の項はなく)
$$\log(\rho p) = \log \rho(E_0)p(E_0) + \frac{1}{2}\frac{d^2(上式)}{dE^2}(E - E_0)^2 + \cdots$$
であり，$\frac{d^2(上式)}{dE^2} = -\frac{cN}{E_0^2}$ なので
$$\rho(E)p(E) \propto \rho(E_0)p(E_0) \times e^{-cN/2(E/E_0-1)^2}$$
である．これは $\left|\frac{E}{E_0} - 1\right|$ が $\frac{1}{\sqrt{N}}$ 程度以下でなければならないことを意味する (第3章参照)．N が膨大な数ならば E の E_0 からのずれは極めて小さくなる．

基本 7.4 （マクスウェル–ボルツマンの速度分布）　(a)　温度 T の理想気体内の，質量 M の分子が速度 $\boldsymbol{v} = (v_x, v_y, v_z)$ をもつ確率 $p(\boldsymbol{v})$ は

$$p(\boldsymbol{v}) = Ce^{-A(v_x^2 + v_y^2 + v_z^2)} \quad \text{ただし} \quad A = \frac{M}{2kT}$$

である．比例係数 C を求めよ．

ヒント 1　$\boldsymbol{v}$ は連続変数なので $p(\boldsymbol{v})$ は正確には確率密度である．それを $\boldsymbol{v}$ のある領域で積分したものがその範囲に入る確率となり，$\boldsymbol{v}$ の全領域で積分すれば 1 になる．それが，比例係数 C を決める条件である．

ヒント 2　61 ページの公式（ガウス積分）

$$\int_{-\infty}^{\infty} e^{-Ax^2}\, dx = \sqrt{\frac{\pi}{A}}$$

あるいは，両辺を A で微分していくと得られる次の公式が役に立つ．

$$\int_{-\infty}^{\infty} x^2 e^{-Ax^2}\, dx = \frac{1}{2A}\sqrt{\frac{\pi}{A}}$$

$$\int_{-\infty}^{\infty} x^4 e^{-Ax^2}\, dx = \frac{3}{4A^2}\sqrt{\frac{\pi}{A}}$$

(b)　確率が最も大きくなる速さ v を求めよ（速度 $\boldsymbol{v}$ ではない．つまり動く向きは問題にしない… 理解度のチェック 7.3 参照）．

基本 7.5 （運動エネルギーと等分配則）　(a)　運動エネルギー $E_\text{運}$ の平均値を求めよ．
(b)　結果はエネルギーの等分配則とどのような関係があるか．

ヒント　$E_\text{運} = \frac{M}{2}(v_x^2 + v_y^2 + v_z^2) = \frac{M}{2}v^2$ なので，成分ごとに計算することも，絶対値 v を使って上問 (a) の別解のような計算をすることもできる．

類題 7.5 （平均と揺らぎ）　(a)　v の最頻値（頻度最高の値，すなわち分布のピークの位置），v の平均値（$\overline{v}$ と書く），および v^2 の平均値（$\overline{v^2}$ と書く）の平方根を求めよ．その大小を比較せよ．

注　最頻値と 2 乗平均はすでに上の 2 問で計算してある．どれも典型的な v の値を示す量であり，ピークの幅が非常に狭かったらすべて同じはずである．実際，粒子数が無数にある系ではそうなるが，ここでは分子 1 つを扱っているのでそうはならない．

(b)　実際の $E_\text{運}$ が，$\overline{E_\text{運}}$ からどれだけずれるか（揺らぐか）を見るために，$(E_\text{運} - \overline{E_\text{運}})^2$ の平均値を計算せよ．その平方根の，$\overline{E_\text{運}}$ との比率を求めよ．

第7章 ボルツマン因子と等分配則

答 基本 7.4 (a) $\int p(\boldsymbol{v})\,dv_x\,dv_y\,dv_z = 1$ になるように C を決める．指数関数の部分は $e^{-Av_x^2}e^{-Av_y^2}e^{-Av_z^2}$ というように3つの積に分かれるので，1つずつを積分していけばよい．そして，1つの積分は $\sqrt{\frac{\pi}{A}}$ になるので，その3乗の逆数を比例係数とすれば，$p(\boldsymbol{v})$ の積分は1になる．すなわち

$$C = \left(\frac{A}{\pi}\right)^{3/2} = \left(\frac{M}{2\pi kT}\right)^{3/2}$$

別解 $p(\boldsymbol{v})$ は $\boldsymbol{v}$ の絶対値（$|\boldsymbol{v}|=v$ と記す）のみの関数なので，v で積分することを考える．絶対値 v を固定したとき，3次元 $\boldsymbol{v}$ 空間でその v になる可能性は $4\pi v^2$ である（理解度のチェック 7.3）．したがって指数部分の積分は

$$\int_0^\infty e^{-Av^2} 4\pi v^2\,dv = \tfrac{1}{2} \times 4\pi \times \frac{\sqrt{\pi}}{2A^{3/2}} = \left(\frac{\pi}{A}\right)^{3/2} = \left(\frac{2\pi kT}{M}\right)^{3/2}$$

積分範囲が $v > 0$ であることに注意．後は上と同じである．

(b) 上の別解より，$v^2 e^{-Av^2}$（$=f(v)$ と書く）を最大にする v を求めることになる．

$$\frac{df}{dv} = 2v e^{-Av^2} + v^2(-A2v)e^{-Av^2} = 0$$
$$\rightarrow\quad v^2 = \frac{1}{A} \quad\rightarrow\quad v = \sqrt{\frac{2kT}{M}}$$

この v が，理解度のチェック 7.3 のグラフの頂点の位置である．

答 基本 7.5 成分ごとに計算する．まず，v_x^2 の平均値（$\overline{v_x^2}$）は

$$\overline{v_x^2} = \int v_x^2 C e^{-Av_x^2} e^{-Av_y^2} e^{-Av_z^2}\,dv_x\,dv_y\,dv_z$$

という式で表される．v_x の平均の2乗ではないことに注意（v_x の平均はゼロ）．この積分は v_x 積分だけ注意すればよく，上問を参考にすれば

$$\overline{v_x^2} = \frac{1}{2A} = \frac{kT}{M}$$

したがって

$$E_{運} \text{の平均} = \frac{M}{2}\left(\overline{v_x^2} + \overline{v_y^2} + \overline{v_z^2}\right) = \tfrac{1}{2}kT \times 3 = \tfrac{3}{2}kT$$

（絶対値 v で計算する場合は，$\int v^4 e^{-Av^2}\,dv$ の計算が必要になるが，これも上問のヒントを参照）．

(b) 1自由度（1方向の運動）当たり，平均エネルギーは $\tfrac{1}{2}kT$ である．これは等分配則の主張に他ならない（基本問題 7.7 も参照）．比熱はエネルギーの T による微分だから $\tfrac{k}{2}$（1粒子当たり），1 mol では N_A を掛けて $\tfrac{R}{2}$ となる．

基本 7.6 （単原子分子理想気体） 単原子分子理想気体の分配関数を計算しよう．分子数（= 原子数）を N，各分子の質量を M とする．全体の状態は，各分子の速度 v と位置で決まるとする（古典力学的考え方）．全体のエネルギーは各分子の運動エネルギー $\varepsilon = \frac{M}{2}(v_x^2 + v_y^2 + v_z^2)$ の和である．

(a) まず速度のことだけを考えると，理解度のチェック 7.6 より，分配関数は各分子の分配関数 z の積である．各分子の $e^{-\beta\varepsilon}$ の速度についての和は，速度についての積分に比例すると考え

$$z \propto \int e^{-\beta\varepsilon}\, dv_x\, dv_y\, dv_z \propto \beta^{-3/2}$$

であることを示せ（後でわかるように比例係数は重要ではない）．

(b) 位置についての和も考えると，気体全体に対する分配関数は

$$Z \propto \frac{V^N}{N!}\, \beta^{-3N/2}$$

となることを説明せよ（第 3 章で位置についての和を考えたときと同様に考える … 基本問題 3.13 参照）．

(c) $F = -kT \log Z$ と $P = -\left.\frac{\partial F}{\partial V}\right|_T$ から，理想気体の状態方程式を求めよ．

(d) 式 (7.3) からエネルギーを求め，定積モル比熱 C_V を計算せよ．

基本 7.7 （回転と振動の等分配則） (a) 上問の続きだが，分子が回転しているとそのエネルギーが付け加わる．一般に，物体が回転運動しているときのエネルギーは，回転速度（角速度）を ω （オメガ）として

$$\varepsilon_{\text{回転}} = \tfrac{1}{2} I\omega^2$$

と書ける．I は慣性モーメントと呼ばれる比例係数であり，並進運動の場合の質量に対応する役割を果たす．この効果を加えると，理想気体の分配関数，状態方程式およびエネルギー（比熱）はどう変わるか．ただし 2 原子分子では分子 1 つ当たり 2 方向の回転があり，多原子分子では 3 方向の回転があることに注意．

(b) 分子内で原子が振動していると，そのエネルギーも加えなければならない．仮に分子の振動にも古典力学が成り立つとすれば振動のエネルギーは

$$\varepsilon_{\text{振動}} = \tfrac{M}{2} v^2 + \tfrac{k}{2} x^2$$

という形に書ける．ただし v と x はこの振動についての速さと位置座標であり，M や k は原子の振動に関係した定数である．これらについての具体的な知識がなくても，この気体の熱力学的性質が導けることを示せ．特に，等分配則との関係を説明せよ．

答 基本 7.6 (a) ボルツマン因子は 3 つの因子の積

$$e^{-\beta\varepsilon} = e^{-(M/2)v_x^2} e^{-(M/2)v_y^2} e^{-(M/2)v_z^2}$$

になるので，積分も積になり

$$\int e^{-\beta\varepsilon}\, dv_x\, dv_y\, dv_z = \left(\int e^{-\beta(M/2)v^2}\, dv\right)^3 = \left(\sqrt{\frac{2\pi}{M\beta}}\right)^3 \propto \beta^{-3/2}$$

(b) 分子のエネルギーは位置によらないのでボルツマン因子も分子の位置によらない．したがって位置についての和（積分）は，各分子に対して体積 V に比例する結果を出すだけであり，全体としては V^N という因子になる．ただしすべての分子が同種ならば，分子の位置を入れ替えても状態は変わらないので $N!$ で割らなければならず（基本問題 3.13 参照），結局，与式のとおりになる．

(c) $\log N! \fallingdotseq N\log N - N$ を使えば

$$\log Z = N\log V - N\log N + N - \frac{3N}{2}\log\beta + 定数$$

最後の定数は，Z の式の比例係数の寄与を表す．$F = -kT\log Z$ なので

$$P = -\left.\frac{\partial F}{\partial V}\right|_T = kT \times \frac{N}{V} = \frac{NkT}{V}$$

これは状態方程式 $PV = mRT$ に他ならない．

(d) 問 (c) の $\log Z$ を使えば

$$E = -\frac{\partial \log Z}{\partial \beta} = \frac{3}{2}\frac{N}{\beta} = \frac{3}{2}NkT$$

1 mol ($N = N_\mathrm{A}$) では $E = \frac{3}{2}RT$ だから，$C_V = \frac{\partial E}{\partial T} = \frac{3}{2}R$．何度も見た結果である．

答 基本 7.7 (a) 分子の状態は回転速度 ω にも依存するので，分配関数の計算では ω についても積分しなければならない．分子 1 つ，回転運動 1 つ当たり

$$\int e^{-\beta(I/2)\omega^2}\, d\omega \propto \beta^{-1/2}$$

なので，たとえば N 粒子の 2 原子分子理想気体だったら Z に β^{-N} の因子が掛かる（多原子分子だったら $\beta^{-3N/2}$）．したがって，前問 (c) の $\log Z$ の右辺の $\log\beta$ の係数がそれぞれ $\frac{5N}{2}$ と $3N$ になる．その分，エネルギーと比熱も係数が変わる．<u>運動の自由度 1 つ当たり $\frac{N}{2}$ だけ増える</u>というのは，エネルギーの等分配則に他ならない．また $\log V$ の係数は変わらないので状態方程式は変わらない．

(b) ボルツマン因子には $e^{-\beta\varepsilon_{振動}}$ という因子が加わり，状態の和として x と v での積分が加わる．問 (a) と同様に考えれば，分子 1 つ当たり β^{-1} という因子が加わることがわかる．たとえば C_V は R だけ増えることになる．

基本 7.8 （**特性温度**） 前問では分子内部の運動を古典力学で扱い，エネルギーの等分配則が導かれることを示したが，実際には常温では振動の効果は見られず，低温では回転の効果も見られなくなる．分子レベルのミクロの世界では古典力学は成り立たないことの一例であり，回転や振動を表す変数を連続変数だとみなして積分することが誤りであることを示している．理解度のチェック 7.5 で説明したように，量子力学で計算すると，系のエネルギーが $E_0, E_1, E_2, \ldots$ というようにとびとびになることを考慮しなければならない．

理解度のチェック 7.5 では，励起状態はすべて無視できる場合のことを考えたが，ここでは第 1 励起状態までを考えた場合を考えよう．

(a) $E_0 = 0$ としたとき分配関数 z はどうなるか．
(b) 比熱はどうなるか．
(c) $T \to 0$ の極限では比熱はどうなるか．
(d) 励起状態が無視できなくなる温度の目安として，$E_1 = kT$ という式を満たす温度を考える．これをこの運動の**特性温度**という．この問題の近似では，特性温度での比熱は古典力学での結果と比べてどうなるか．

注 たとえば窒素分子の回転運動の特性温度は 2.84 K，振動の特性温度は 3300 K である．前者は常温で問題なく寄与し，後者は問題なく寄与しない．並進運動の特性温度は容器の体積に依存するが，たとえば 10 cm 四方の容器だったら 10^{-17} K 程度である（容器の長さの 2 乗に反比例）．特性温度などということを考える意味がないレベルである．

基本 7.9 （**準位が等間隔の系**） (a) **振動**という運動を量子力学で計算すると，励起状態のエネルギーが一定の間隔 ε で並ぶ（基底状態をゼロとすれば $0, \varepsilon, 2\varepsilon, \ldots$ となる）．温度 T の環境に置かれているこの系の分配関数 z を計算せよ．

ヒント 無限等比級数になるので，次の公式が使える．
$$1 + r + r^2 + r^3 + \cdots = \frac{1}{1-r}$$

(b) エネルギーを計算せよ．
(c) 高温の極限（$T \to \infty$）で比熱が古典力学の結果と合致することを示せ．
(d) 低温の極限（$T \to 0$）では，上問の近似解に一致することを示せ．
(e) 特性温度での比熱は，古典力学での比熱の何割程度か．

第7章　ボルツマン因子と等分配則

答 基本 7.8 (a) $z = e^{-\beta E_0} + e^{-\beta E_1} = 1 + e^{-\beta E_1}$.
(b) $E = -\frac{1}{z}\frac{\partial z}{\partial \beta} = E_1 \frac{e^{-\beta E_1}}{1+e^{-\beta E_1}} = E_1 \frac{e^{-E_1/kT}}{1+e^{-E_1/kT}}$. したがって

$$C = \frac{\partial E}{\partial T} = \frac{E_1^2}{kT^2}\frac{e^{-E_1/kT}}{(1+e^{-E_1/kT})^2}$$

ただし第2励起状態以下を無視していることを考えると，$e^{-E_1/kT}$ が小さいとして展開したときの高次の項は，(第2励起状態の寄与と同程度の大きさなので) 意味がない．そう考えると次のように簡略化してもよい．

$$E \fallingdotseq E_1 e^{-E_1/kT}, \quad C \fallingdotseq k\left(\frac{E_1}{kT}\right)^2 e^{-E_1/kT}$$

(c) $T \to 0$ の極限では (指数関数が急激にゼロになるので)

$$C \to k\left(\frac{E_1}{kT}\right)^2 e^{-E_1/kT} \to 0$$

(d) 問 (b) の式に $\frac{E_1}{kT} = 1$ を代入すれば

$$C = k\frac{e^{-1}}{(1+e^{-1})^2} \fallingdotseq 0.20k$$

近似式のほうを使えば $C = e^{-1}k = 0.37k$．かなり違うが古典力学での回転運動の場合の $\frac{k}{2}$ と比較すれば半分程度 (正確に計算できる例を次問で扱う)．

答 基本 7.9 (a) 基底状態を第0状態とすると，第 n 状態のエネルギーは ε_n である．$r = e^{-\beta\varepsilon}$ とすれば，第 n 状態のボルツマン因子は $e^{-\beta\varepsilon_n} = r^n$ なので

$$z = 1 + r + r^2 + \cdots = \frac{1}{1-r} = \frac{1}{1-e^{-\beta\varepsilon}}$$

(b) $E = -\frac{1}{z}\frac{\partial z}{\partial \beta} = \frac{\varepsilon e^{-\beta\varepsilon}}{1-e^{-\beta\varepsilon}}$
(c) $T \to \infty$，つまり $\beta \to 0$ では $e^{-\beta\varepsilon} \fallingdotseq 1 - \beta\varepsilon$．したがって

$$E \to \frac{\varepsilon(1-\beta\varepsilon)}{\beta\varepsilon} \fallingdotseq kT$$

比熱は k．これは基本問題 7.7 で振動に対して得た答えに一致する (回転の2倍)．
(d) $T \to \infty$，つまり $\beta \to \infty$ では $e^{-\beta\varepsilon} \ll 1$ になるので，$E \fallingdotseq \varepsilon e^{-\beta\varepsilon}$．$\varepsilon = E_1$ とすれば，上問の簡略化された解に一致する．
(e) 一般の温度では

$$C = \frac{\partial E}{\partial T} = -\frac{1}{kT^2}\frac{\partial E}{\partial \beta} = k(\beta\varepsilon)^2\frac{e^{-\beta\varepsilon}}{(1-e^{-\beta\varepsilon})^2}$$

特性温度，つまり $\beta\varepsilon = 1$ であれば，$C = 0.92k$．古典力学の結果 $C = k$ にかなり近い．

応用問題 ※類題の解答は巻末

応用 7.1（エントロピーの展開） ボルツマン因子の導出（155 ページ）では，環境のエントロピーを系のエネルギーで 1 次まで展開した．2 次の項は考える必要はないのだろうか．環境のエントロピーは，その粒子数を N とすると

$$S_\mathrm{e}(U) = AN \log \frac{U}{N} + (U \text{ に依存しない項})$$

という形になるとして考えよ（A は何らかの定数）．

ヒント 一般に関数 $f(a+x)$ の x による展開は

$$f(a+x) = f(a) + \frac{df}{da} x + \frac{1}{2} \frac{d^2 f}{da^2} x^2 + \cdots$$

となることを使う（テイラー展開）．右辺の微分はすべて，$x=0$ での値である．

注 エントロピーの段階で展開することの正当性を調べる問題である．エントロピーではなく微視的状態数 ρ を展開したらこうはいかない．

応用 7.2（揺らぎ） (a)「エネルギーの平均値からのずれの 2 乗」の平均が

$$(E-\overline{E})^2 \text{ の平均} = \overline{E^2} - (\overline{E})^2 = -\frac{d\overline{E}}{d\beta}$$

と表されることを示せ．（$\overline{E}$ は E の平均であり $\overline{E} = \sum E_i p_i$ である．$\overline{E^2}$ も同様．）
(b) $\overline{E} = kT$ の場合（原子レベルの粒子）と，$\overline{E} = N_\mathrm{A} kT = RT$ の場合（マクロな物体）とで上問の結果を比較すると，エネルギーの揺らぎについて何がわかるか．揺らぎ $= (\sqrt{(E-\overline{E})^2 \text{ の平均}})$ として考えよ．

応用 7.3（理想気体の状態方程式） マクスウェル–ボルツマンの速度分布から，理想気体の状態方程式を導こう．

(a) x 方向に垂直な面の，単位時間，単位面積当たりに働く力積が，この気体の圧力 P に他ならない．そこでまず，すべての分子の x 方向の速さが v_x だとしてこの力積を計算せよ（すべての分子が x 方向に進んでいると考えると，右図の青色内の分子が単位時間に衝突する）．

(b) v_x の分布がマクスウェル–ボルツマンの速度分布で与えられるとして，圧力の平均を求めよ．

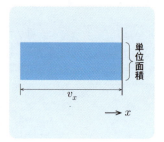

第 7 章　ボルツマン因子と等分配則　　**169**

答 応用 7.1　対数関数の展開を考えると

$$\log(a+x) = \log a + \tfrac{1}{a} x - \tfrac{1}{2a^2} x^2 + \cdots$$

となる．したがって

$$S_\mathrm{e}(U_0 - U) = S_\mathrm{e}(U_0) - \tfrac{AN}{U_0} U - \tfrac{1}{2} \tfrac{AN}{U_0^2} U^2 + \cdots$$
$$= S_\mathrm{e}(U_0) - \tfrac{1}{T} U - \tfrac{1}{2} \tfrac{1}{T} \tfrac{U}{U_0} U + \cdots$$

$\tfrac{U}{U_0}$ は最初の前提から非常に小さな量である（原理的には $\tfrac{U}{U_0} \to 0$ の極限を考える）．そして第 3 項は第 2 項に比べて $\tfrac{U}{U_0}$ だけ小さいので，無視することが正当化される．第 4 項以下はさらに $\tfrac{U}{U_0}$ という因子が掛かるので，無視できる．

答 応用 7.2　(a)　$(E - \overline{E})^2 = E^2 - 2E\overline{E} + \overline{E}^2$ であり，右辺第 2 項の平均は $2\overline{E}^2$ なので，最初の等式は明らか．また

$$\tfrac{dE}{d\beta} = \tfrac{d}{d\beta}\left(\tfrac{1}{Z} \sum E_i e^{-\beta E_i}\right)$$
$$= -\tfrac{1}{Z^2} \tfrac{dZ}{d\beta} \sum E_i e^{-\beta E_i} - \tfrac{1}{Z} \sum E_i^2 e^{-\beta E_i}$$

であり，右辺第 1 項に

$$\tfrac{dZ}{d\beta} = \tfrac{d}{d\beta} \sum e^{-\beta E_i} = -\sum E_i e^{-\beta E_i}$$

を代入すれば，与式の第 2 の等号も明らかである．

(b)　$\beta = \tfrac{1}{kT}$ なので，$\tfrac{dkT}{d\beta} = -\tfrac{1}{\beta^2} = -k^2 T^2$．したがって $\overline{E} = kT$ の場合，$\tfrac{d\overline{E}}{d\beta} = -\overline{E^2}$．つまり揺らぎは平均値 $\overline{E}$ に等しい．一方，$\overline{E} = N_\mathrm{A} kT$ のときは $\tfrac{d\overline{E}}{d\beta} = -\tfrac{\overline{E}^2}{N_\mathrm{A}}$．つまり揺らぎは平均値 $\overline{E}$ の $\tfrac{1}{\sqrt{N_\mathrm{A}}}$ 倍，平均値と比較して無視できるレベルである．

答 応用 7.3　(a)　分子密度を $n = \tfrac{N}{V}$ とすれば，単位時間に衝突する分子数は nv_x．また各分子が面に与える力積は $2Mv_x$ だから，面が受ける圧力は

$$nv_x \times 2Mv_x$$

分子は実際には一般に斜め方向に動いているが，青色部分から出ていく分だけ入ってくるので，y 方向や z 方向の動きは考える必要はない．

(b)　基本問題 7.4 も参考にしながら計算すれば（積分は $0 < v_x < \infty$）

$$P = \int (nv_x \times 2Mv_x)\left(\tfrac{M}{2\pi kT}\right)^{1/2} e^{-(M/2kT)v_x^2} dv_x = nkT$$

つまり，$PV = NkT$ である．

応用 7.4（高速分子） (a) 気体中の x 方向の平均速度（2乗平均速度）は

$$\frac{M}{2}\overline{v_x^2} = \frac{kT}{2} \quad \rightarrow \quad \sqrt{\overline{v_x^2}} = \sqrt{\frac{kT}{M}}$$

である．しかしこれはあくまで平均値であり1つ1つの分子の速度はさまざまである．では，この平均速度よりも絶対値が大きな v_x をもつ分子は全体の何割か，答えを

$$f(x) = \frac{1}{\sqrt{2\pi}}\int_0^x e^{-x^2/2}\, dx$$

という関数を使って表せ．

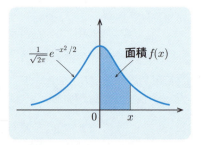

注 $f(x)$ は（正規分布の）累積関数と呼ばれ簡単な数式では表せないが，その数値は公式集などに表にされているので便利である．$f(\infty) = 0.5$ である．

(b) 数表によれば，$f(x) = 0.49$ になるのは $x \doteqdot 2.326$ である．このことから，分子の v_x について何がわかるか．

応用 7.5（回転運動の量子力学版） 基本問題7.9の，準位が等間隔なモデルでは，1分子当たりの比熱の高温極限つまり古典力学的極限は，（等分配則の $\frac{k}{2}$ ではなく）k だった．このモデルは単振動の量子力学版であり，振動では運動エネルギーと位置エネルギーの両方があるので当然の結果だが，ここでは**回転運動（量子力学版）**の量子力学版を考えてみよう．

(a) 1方向だけの回転がある場合，基底状態のエネルギーをゼロとすると，n 番目の励起状態は $n^2\varepsilon$ と書ける（ε は慣性モーメントに反比例する定数）．$0, \varepsilon, 4\varepsilon, 9\varepsilon, \ldots$ ということである．1分子当たりの分配関数 $z_{回転}$ を書け．その高温極限を求め，それから比熱を求めよ．

(b) 厳密に比熱を計算したらどのような式になるか．その式で第3励起状態以下を無視すると，特性温度での比熱はどうなるか．

類題 7.6（回転運動の量子力学版：続き） 2原子分子のように2方向の回転がある場合は，n 番目の励起状態のエネルギーは $n(n+1)\varepsilon$ となり，また n 番目の励起状態には，エネルギーの等しい $2n+1$ の異なる状態がある（縮退しているという）．分配関数はどう書けるか．また，比熱の高温極限はどうなるか．

第7章 ボルツマン因子と等分配則

答 応用 7.4 (a) $|v_x| > v_0$（何らかの定数）となる割合 $p(v_0)$ は

$$p(v_0) = 2 \times \sqrt{\frac{M}{2\pi kT}} \int_{v_0}^{\infty} e^{-(M/2kT)v_x^2} dv_x$$

v_x に正負あるので2倍してある．$x = \sqrt{\frac{M}{kT}} v_x$ とし，また x_0 も同様に v_0 から定義すれば，積分の変数変換の結果

$$p(v_0) = \sqrt{\frac{2}{\pi}} \int_{x_0}^{\infty} e^{-x^2/2} dx = 2(f(\infty) - f(x_0)) = 1 - 2f(x_0)$$

この問題では $v_0 = \sqrt{\frac{kT}{M}}$ なので $x_0 = 1$．後は数表に頼らなければならない．それによれば $f(1) = 0.341$ なので，$p(v_0) = 0.318$．すなわち分子の約3割が，（v_x に関して）2乗平均速度よりも速い．

(b) $p(v_0) = 0.02$ になる x_0 が 2.326 だということである．v_0 に直せば

$$v_0 = 2.326 \sqrt{\frac{M}{kT}}$$

つまり（v_x に関して）2乗平均速度よりも 2.326 倍以上速い分子は2％（しかない）ということである．

答 応用 7.5 (a) $z_{回転} = 1 + e^{-\beta\varepsilon} + e^{-4\beta\varepsilon} + \cdots = \sum_{n=0} e^{-n^2\beta\varepsilon}$．高温，つまり β が小さいときは，n が1増えるごとに各項は滑らかに減少する．そこで和を積分に置き換えると，$x = \sqrt{\beta\varepsilon}\, n$ として

$$z_{回転} \fallingdotseq \frac{1}{\sqrt{\beta\varepsilon}} \int e^{-x^2} \propto \beta^{-1/2}$$

したがって $E_{回転} = -\frac{\partial \log z_{回転}}{\partial \beta} = \frac{1}{2} kT$ であり，$C_{回転} = \frac{dE}{dT} = \frac{k}{2}$ となって等分配則と一致する．

(b) 厳密に計算すると

$$C_{回転} = k\beta^2 \frac{\partial}{\partial \beta} \left(\frac{1}{z} \frac{\partial z}{\partial \beta} \right) = \frac{k}{z^2} \left(z \sum (n\beta\varepsilon)^2 e^{-n^2\beta\varepsilon} - \left(\sum n^2\beta\varepsilon\, e^{-n^2\beta\varepsilon} \right)^2 \right)$$

（この段階で和を積分に直しても，少し面倒だが問 (a) と同じになる．）
和を $n = 2$ までで止め，$\beta\varepsilon = 1$（特性温度）とすれば

$$C_{回転} = \frac{k}{z_0^2}(z_0 z_2 - z_1^2)$$

ただし $c = e^{-1} = 0.368$ として

$$z_0 = 1 + c + c^4 = 1.386, \qquad z_1 = c + 4c^4 = 0.441, \qquad z_2 = c + 16c^4 = 0.661$$

代入すれば

$$C_{回転} = 0.376 k$$

高温極限 $\frac{k}{2}$ の4分の3程度である．

応用 7.6 （ゴム弾性）
第4章（106ページ）で扱った**ゴム弾性**の問題も，ボルツマン因子を使うと簡単に解くことができる．そこで使った記号を使って考えよう．

(a) ゴムは両端から，外力 f_0 によって引っ張られているとする．ある1つのリンクの向きがその方向であるときと，逆方向のときでは，エネルギーはどれだけ異なるか（リンク1つの長さは d である）．

(b) 問 (a) の答えとボルツマン因子を使って，リンクが力の方向を向いている確率と，逆方向を向いている確率を求めよ．

(c) その答えを使ってゴムの長さと力の関係式を求めよ．ただし力は弱いとして比例関係にあるとする．

応用 7.7 （強磁性）
第5章（130ページ）で扱った**強磁性**の問題を，ボルツマン因子を使って解いてみよう．そこで使った記号で考える．

(a) 磁気モーメントの向きを自由に変えられる電子が N 個あるうち，磁気モーメントが上向きのものが $2s$ だけ多かったとする．するとその影響を受けて，上向き電子のエネルギーは Ks だけ減り（ボルツマン因子は増える），下向きの電子のエネルギーは Ks だけ増える（ボルツマン因子は減る）とする．各電子が上向きになるか下向きになるかの確率（p_+, p_- と書く）はボルツマン分布で与えられ，この確率の差によって，逆に $2s$ の大きさが決まる．すなわち

$$2s = N(p_+ - p_-) \tag{*}$$

ただし $\quad p_\pm = \dfrac{e^{\pm\beta Ks}}{z}, \quad z = e^{\beta Ks} + e^{-\beta Ks}$

である．$\beta Ks \ll 1$ としてこの式の解 s を求め，低温では自発磁化が生じる（$s \neq 0$ の解がある）ことを示せ．

ヒント $e^{\pm x} \doteqdot 1 \pm x + \dfrac{x^2}{2} \pm \dfrac{x^3}{6}$ という展開式（テイラー展開）を使う．

類題 7.7 （キュリー-ワイスの法則）
131ページでも示したように，相転移点よりも高温では自発磁化はない．しかし外部から磁場を掛ければ，磁気モーメントの向きのバランスが崩れ，物体全体として磁化する．そのことをボルツマン分布の方法で示し，キュリー-ワイスの法則（磁化率が相転移点で無限大になること … 131ページ）を導け．

ヒント 外部から磁場 B を掛けると $\pm B\mu$ のエネルギーのずれが生じる．

第 7 章 ボルツマン因子と等分配則

答 応用 7.6 (a) リンクの向きが 1 つ逆転すると全体の長さは $2d$ だけ変わるので，エネルギーは $2f_0 d$ だけ変わる．

(b) 向きが力の方向であるときのエネルギーをゼロとすると，逆向きのときは $2f_0 d$. したがってボルツマン因子はそれぞれ 1 と $e^{-2\beta f_0 d}$. したがってそれぞれの確率（p_0 と p_1 とする）は

$$p_0 = \frac{1}{1+e^{-2\beta f_0 d}}, \qquad p_1 = \frac{e^{-2\beta f_0 d}}{1+e^{-2\beta f_0 d}}$$

(c) リンクの総数を N とすれば

$$\text{長さ} = dNp_0 - dNp_1 = dN\frac{1-e^{-2\beta f_0 d}}{1+e^{-2\beta f_0 d}}$$

ここで $e^{-2\beta f_0 d} \fallingdotseq 1 - 2\beta f_0 d$ とすれば

$$\text{長さ} \fallingdotseq dN\beta f_0 d = \frac{Nd^2}{kT} f_0$$

これは 107 ページの答えに一致する（$l_0 = Nd$ なので）．

答 応用 7.7 (a) $x = \beta Ks$ とすれば

$$p_+ - p_- = \frac{e^x - e^{-x}}{e^x + e^{-x}} \fallingdotseq x \frac{1+\frac{x^2}{6}}{1+\frac{x^2}{2}} \fallingdotseq x\left(1 - \frac{x^2}{3}\right)$$

したがって式 (∗) は

$$2s = \beta KsN\left(1 - \tfrac{1}{3}(\beta Ks)^2\right)$$

この式の解は

$$s = 0 \quad \text{または} \quad s^2 = \frac{3}{(\beta K)^2}(\beta KN - 2)$$

したがって

$$\beta KN > 2 \quad \to \quad T < \frac{KN}{2k}$$

ならば $s \neq 0$ の解がある．これは 131 ページの結論と同じである．

注 式 (∗) をグラフで考えてみよう．

$$f(x) = \frac{e^x - e^{-x}}{e^x + e^{-x}}$$

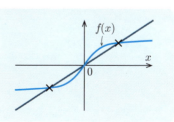

とすると（双曲線関数という），右図のようになる．原点での傾きは 1 である．
一方，問題の式 (∗) は

$$\frac{2kT}{KN} x = f(x)$$

左辺の x の係数が 1 より大きいか小さいかで，$x \neq 0$ の解の有無が決まる． ●

電磁波の熱統計（プランク分布など）

● **熱平衡状態の電磁波** 物体の表面からはその温度に応じて電磁波が発生している．温度によっては，目に見える光や紫外線も含まれる．また物体は電磁波を吸収もする．その結果，一定の温度の容器で囲まれた空洞内には，ある一定量の電磁波が充満する．これが，その温度での熱平衡状態の電磁波である．ではそのエネルギーや容器が受ける圧力はどのように計算できるだろうか．

空洞内の熱平衡状態の電磁波を**空洞放射**という．放射（輻射ともいう）とは電磁波のことである．これは**黒体放射**ともいう．黒体とは入射するすべての電磁波をいったん吸収する物体のことであり，温度に応じた放射もするが，その放射は空洞放射と同じエネルギーや圧力をもつことが知られている．

内部の電磁波
容器が熱平衡になる

● **無限大の問題** 20世紀初頭，空洞放射の問題は物理学者の悩みの種だった．簡単に説明しよう．空洞の内部にはさまざまな波長の電磁波が生じるが，電磁波の全エネルギーは，それぞれの波長の電磁波がもつエネルギーの合計である（これは電磁波ばかりでなく物質中の波動についても，幅広く通用する原理である）．そして，波長が決まった波のエネルギーは，各時刻での波の高さ（$A(t)$ と書く）を使って

$$\text{波のエネルギー} \propto \frac{1}{2}\left(\frac{dA}{dt}\right)^2 + \frac{1}{2}\omega^2 A^2 \tag{7.12}$$

という形に書ける．ω は $A(t)$ の振動の角振動数と呼ばれるもので，振動数を ν と書けば $\omega = 2\pi\nu$ である．また電磁波の場合は，振動数は波長（λ と書く）と，$\lambda\nu = c$（光速度）という関係にある．

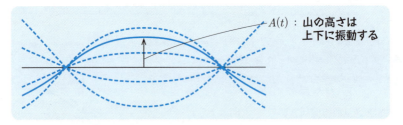

$A(t)$：山の高さは上下に振動する

式 (7.12) は，単振動のエネルギーと同じ形をしている．A は波の振幅であって粒子の位置ではないが，熱統計では，粒子のあらゆる状態を考えるのと同様，波のあらゆる状態を考えるので，温度 T の環境に置かれた場合にそれがどの程度の平均エネルギーをもつかは，エネルギーの式の形が同じならば結果も同じである．したがって古典力学的に考えれば，波1つ当たりの平均エネルギーは kT である．つまり波長に依存し

ない一定値になる．

しかし波長はいくらでも短くなれるので，空洞の中に発生しうる電磁波には無限の種類がある．したがって電磁波がもつ全エネルギーは，$kT \times \infty$ となり，無限大となってしまう．しかし有限の大きさの空洞内に無限のエネルギーが入っていることなどありえない．

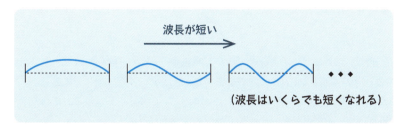

● **量子力学による解決** この困難は量子力学での発見によって解決された．すでに基本問題 7.9 で述べたように，量子力学によれば，振動する系がもちうるエネルギーは，ある一定の単位でしか変われない．この問題ではこの単位を ε と書いたが，具体的には ε は振動数で決まり

$$\varepsilon = h\nu \left(= \frac{h}{2\pi}\omega\right) \quad \text{ただし} \quad h = 6.626\ldots \times 10^{-34} \text{ J s}$$

h は**プランク定数**と呼ばれ量子力学で新たに登場した定数である．

基本問題 7.9 では分子内での原子の振動のことが念頭にあったが，この結果は波についても変わらない．実際，振動数 ν の電磁波のエネルギーが $h\nu$ の整数倍にしかなれないという主張はアインシュタインが提案した仮説（光量子説）であり，量子力学誕生のきっかけとなった話であった．

エネルギーが離散的になれば，低温では運動の凍結が起こり，その運動を考える必要はなくなる．その境目の温度が特性温度であり（基本問題 7.8），$kT = h\nu$（第 1 励起状態のエネルギー）という関係で決まる．おおまかなことをいえば，温度 T では，$\nu > \frac{kT}{h}$ の振動数をもつ電磁波，波長 λ でいえば $\lambda = \frac{c}{\nu} < \frac{ch}{kT}$ という関係を満たす短波長の電磁波は凍結し，空洞放射には効いてこず，無限大の問題は起こらない．正確には，特性温度で突然，凍結が解除されるわけではなく変化は滑らかだが，それは基本問題 7.9 で導いた式を使えば計算できる．次ページの問題を解きながらそのことを学んでいただきたい．

問題 7.1 (a) 空洞放射で，振動数 ν をもつ電磁波のエネルギーを計算するには，振動数 ν をもつ電磁波が何種類あるかを勘定しなければならない．振動数を決めても波打つ方向がさまざまだからである（気体分子の速さを決めても動く方向の可能性を掛けなければ，分子のエネルギー分布はわからなかったのと同様である … 理解度のチェック 7.3 参照）．ここでは結果だけを示すが，振動数が ν から $\nu + \Delta\nu$ の範囲に入る，体積 V の容器内の電磁波の種類の数は，

$$\frac{8\pi}{c^3} V \nu^2 \Delta\nu$$

（ν^2 に比例するのは，分子の速さについては種類が v^2 に比例していたことに対応する）．これと基本問題 7.9 (b) の結果を使って，温度 T の空洞放射の，振動数がこの範囲に入る，単位体積当たりのエネルギー（$u(\nu)\Delta\nu$ と書く）を求めよ．これを**プランク分布**という．また横軸を ν とするグラフの概形を描け．
(b) プランク分布が最大になる ν の値を求めよ．またそれも参考にして，横軸を ν とするグラフを描け．
(c) プランク分布は，温度を変えるとどのように変化するかを説明せよ．
(d) 全エネルギー密度 $u_\text{全}$（$u(\nu)$ を ν で積分したもの）はどのような式で表されるか．特に温度 T との関係を求めよ．比熱はどうなるか．

問題 7.2 分配関数から自由エネルギー F を求め，それを使って，温度 T の空洞放射がもつ圧力を求めよ．また，圧力と全エネルギー密度との関係を示せ．

問題 7.3 温度 T の電磁波の，特定の方向へのエネルギーの流れの大きさは

$$J = \sigma T^4 \quad \text{ただし} \quad \sigma = \frac{2}{15} \frac{\pi^5 k^4}{c^2 h^3}$$

となることを示せ．この σ は**ステファン-ボルツマン定数**と呼ばれ，その大きさは $5.67 \times 10^{-8}\,\text{J}\cdot\text{m}^{-2}\,\text{s}^{-1}\,\text{K}^{-4}$ である．

注 この J は，温度 T の電磁波内に置かれた板が単位面積当たり，単位時間当たりに受けるエネルギーである．これは，黒体の表面が，単位面積当たり，単位時間当たりに放出するエネルギーでもある．

問題 7.4 地球上には太陽から，毎秒 $1\,\text{m}^2$ 当たり，約 1360 J のエネルギーが到達している．太陽と地球との距離は 1.5×10^{11} m，太陽の半径は 7×10^8 m として，太陽表面の温度を計算せよ．

問題 7.5 電磁波を粒子（光子）の集団とみなす立場では，エネルギー $nh\nu$ の電磁波は，エネルギー $h\nu$ の光子が n 個ある状態とみなす．温度 T の空洞放射について，単位体積当たりに存在する光子の数を求めよ．

答 問題 7.1 (a) $\varepsilon = h\nu$ である．基本問題 7.9 (b) の答えに電磁波の種類の数を掛け，単位体積当たりなので V と，さらに $\Delta\nu$ で割れば（$\beta = \frac{1}{kT}$ はそのままで書く）

$$\text{プランク分布：} \quad u(\nu) = \frac{8\pi}{c^3} \frac{h\nu^3 e^{-\beta h\nu}}{1 - e^{-\beta h\nu}}$$

(b) 少し面倒だが上式を微分すると

$$\frac{du}{d\nu} \propto 3(1 - e^{-\beta h\nu}) - \beta h\nu$$

これをゼロとする解は数値計算でしかわからないが，$\beta h\nu \fallingdotseq 2.8$ である．$h\nu = kT$ で得られる振動数の約 3 倍の位置がピークになる（たとえば赤（波長約 800 nm）がピークになるのは 6000 K）．

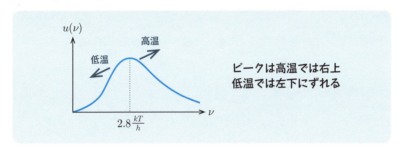

ピークは高温では右上
低温では左下にずれる

(d) $u_{\text{全}} = \frac{8\pi}{c^3 h^2} \int_0^\infty (h\nu)^3 \frac{e^{-\beta h\nu}}{1 - e^{-\beta h\nu}} d\nu$． $\beta h\nu = x$ とすれば

$$u_{\text{全}} = \frac{8\pi}{c^3 h^3 \beta^4} \int_0^\infty x^3 \frac{e^{-x}}{1 - e^{-x}} dx$$

x 積分は単なる定数である．したがって（$\beta \propto \frac{1}{T}$ だから）$u_{\text{全}}$ は温度の 4 乗に比例する．比熱は T で微分して T^3 に比例するが，高温の極限で無限大になる．高温では凍結がなくなるのだから当然である．

注 上式の x 積分は数学公式集を見ると $\frac{\pi^4}{15}$ なので

$$u_{\text{全}} = \frac{8}{15} \frac{\pi^5}{c^3 h^3} (kT)^4$$

答 問題 7.2 (a) 電磁波全体の分配関数 Z は，各電磁波の分配関数 z の積である．したがって Z の対数は $\log z$ の積分になる．基本問題 7.9 (a) の z と式 (7.4) を使えば

$$F = -kT \int \log(1 - e^{-\beta h\nu}) \frac{8\pi}{c^3} V \nu^2 d\nu$$

部分積分をした上で上問 (d) と同じ変数変換をすれば

$$F = -\frac{8\pi V}{3c^3 h^3 \beta^4} \int_0^\infty x^3 \frac{e^{-x}}{1-e^{-x}} dx = -\frac{1}{3} V u_\text{全}$$

したがって圧力は

$$P = -\left.\frac{\partial F}{\partial V}\right|_T = \frac{1}{3} u$$

圧力がエネルギー密度の $\frac{1}{3}$ であるというのは，電磁波の基本的性質の反映である．

答 問題 7.3 まず，特定の振動数をもつ電磁波のエネルギー密度 $u(\nu)$ の，ある点 O における，右方向への流れ $J(\nu)$ を考える．この電磁波はすべての方向に同等に，速さ c（光速度）で動いている．図の θ から $\theta+\Delta\theta$ の範囲の流れ $j\,\Delta\theta$ は，全体の $2\pi\sin\theta \frac{\Delta\theta}{4\pi} = \frac{1}{2}\sin\theta\,\Delta\theta$ であり，その流れの右方向の成分は，その $\cos\theta$ 倍なので（$j = cu$）

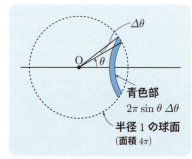

$$J(\nu) = \int_0^{\pi/2} j\cos\theta\,d\theta = \int cu(\nu) \times \frac{1}{2}\sin\theta\cos\theta\,d\theta$$
$$= \frac{1}{4} cu(\nu)$$

すべての振動数を足せば

$$J = \int J(\nu)\,d\nu = \frac{1}{4} cu_\text{全} = \frac{2}{15} \frac{\pi^5 (kT)^4}{c^2 h^3}$$

答 問題 7.4 太陽表面ではどれだけのエネルギーが出ているかを計算し，それを前問の法則に当てはめればよい．四方八方に広がるエネルギー密度の流れは距離の 2 乗に反比例するので

太陽表面でのエネルギーの流れ $J = 1360\,\text{J} \times \frac{1.5 \times 10^{11}}{7 \times 10^8} = 0.11 \times 10^{16}\,\text{J}$

これを $T^4 = \frac{J}{\sigma}$ の公式に当てはめれば，$T \fallingdotseq 6000\,\text{K}$ となる．

答 問題 7.5 振動数 ν の電磁波内の光子数は $\frac{u(\nu)}{h\nu}$．したがって単位体積当たりの全光子数は

$$\text{全光子数} = \frac{8\pi}{c^3 h^3 \beta^3} \int_0^\infty x^2 \frac{e^{-x}}{1-e^{-x}} dx$$

T^3 に比例する．右辺の x 積分は約 2.404 である．常温で 10^{15} 程度になる．

類題の解答

答 類題1.1 物体と台だけを系と考え，地球は外部とみなせば

物体の運動エネルギーの変化 + 全内部エネルギーの変化
= 物体が重力から受けた仕事

また，物体に関する力学上の関係は

物体の運動エネルギーの変化
= 物体が重力から受けた仕事 + 物体が摩擦力から受けた仕事

以上より

全内部エネルギーの変化 = −物体が摩擦力から受けた仕事

別解 地球まで含めて系と考えれば

物体の運動エネルギーの変化 + 重力による位置エネルギーの変化
+ 全内部エネルギーの変化 = 0

また，力学上の関係は

物体の運動エネルギーの変化 + 重力による位置エネルギーの変化
= 物体が摩擦力から受けた仕事

以上より，同じ結果が得られる．

答 類題1.2 求める比熱を C としよう．水から出て行った熱と，金属が得た熱が等しいということから

$$(80 - 77) \times 4200\,\text{J/kg}\,°\text{C} \times 0.1\,\text{kg} = (77 - 20) \times C \times 0.1\,\text{kg}$$
$$\rightarrow \quad C \fallingdotseq 220\,\text{J/kg}\,°\text{C}$$

答 類題1.3 それぞれの温度変化を ΔT_A, ΔT_B などと添え字付きで表せば

$$M_\text{A} \times C_\text{A} \times \Delta T_\text{A} = M_\text{B} \times C_\text{B} \times \Delta T_\text{B} \quad \rightarrow \quad \frac{C_\text{A}}{C_\text{B}} = \frac{M_\text{B}\,\Delta T_\text{B}}{M_\text{A}\,\Delta T_\text{A}} = \frac{1}{4}$$

A のほうが質量が大きいのに温度が大きく変化したということは，温度が変わりやすい物質，つまり比熱が小さい物質だということである．

答 類題1.4 (a) 摩擦熱による金属の内部エネルギー（温度上昇）の他に，ドリル自体の発熱，周囲に広がる振動や音のエネルギーにもなる．

(b) $(70\,\text{W} \times 60\,\text{s} \times 0.8) \div (450\,\text{J/kg}\,°\text{C} \times 0.3\,\text{kg}) \fallingdotseq 25\,°\text{C}$

答 類題 1.5 $(1500 \times 10^3 \times 4.2 \text{ J}) \div (60 \text{ kg} \times 9.8 \text{ m/s}^2) \fallingdotseq 1.1 \times 10^4$ m. 熱は力学的エネルギーに換算すると非常に大きなものになることがわかる．

答 類題 2.1 (a) 膨張しているのだから $W < 0$. 積 PV は増えているので $\Delta T > 0$ であり，$\Delta U > 0$. したがって $Q = \Delta U - W > 0$.
(b) 収縮しているのだから $W > 0$. PV は一定なので $\Delta T = 0$ であり，$\Delta U = 0$. したがって $Q = -W < 0$（プロセスの途中では PV は変化しているので，$\Delta T = 0$ ではない）．

答 類題 2.2 **断熱の場合**：急速に圧縮した場合のほうが，掛ける力が大きいのだから仕事も大きい．断熱ならばそれがそのまま内部エネルギー，そして温度の上昇になるので，ゆっくり準静的に圧縮した場合よりも温度は高くなる．圧力も大きくなる．
断熱ではない場合：少なくとも時間を掛ければ熱が放出され，容器内の温度は周囲の温度と同じになる．したがって急速に圧縮すると，最初は断熱の場合と同様に熱くなるが次第に冷えて周囲と同じ温度になる．ゆっくりと準静的に圧縮した場合は過程全体で温度は一定である．したがって最終的な状態は同じだが途中経過は異なり，急速のときのほうが途中の圧力は大きく（仕事が大きく），したがって出ていく熱も多い．

答 類題 2.3 (a) m mol ならば分子数は mN_A だから

分子 1 つ当たりの運動エネルギー $= \frac{3R}{2N_A} T$

$= 1.5 \times 8.3 \text{ J/K mol} \div (6.0 \times 10^{23} \text{ mol}^{-1}) \times 300 \text{ K} = 6.2 \times 10^{-21}$ J

(b) $v^2 = 2 \times 6.2 \times 10^{-21} \text{ J} \div (5.3 \times 10^{-26} \text{ kg}) = 2.3 \times 10^5 \text{ m}^2/\text{s}^2$
$\to \quad v = 4.8 \times 10^2$ m/s

水素分子ならば質量が 16 分の 1 になるので，v は 4 倍になる．

答 類題 2.4 ΔT：始状態，終状態の P と V は変わらないので，ΔT も変わらない．
ΔU：理想気体ならば U は T だけで決まるので，ΔT が同じならば ΔU も同じ．
W：破線と実線で囲まれた部分の面積に等しい（膨張しているときは外部に仕事をし，収縮しているときは仕事をされているが，圧力が大きいので後者のほうが大きい）．
Q：第 1 法則より $Q = \Delta U - W$ なので，W が増えていれば Q は減る．つまり気体が受ける熱は少なくてすむ（仕事によってエネルギーを受けているので）．

答 類題 2.5 全体での内部エネルギーの変化は

$\Delta U = mC_V \Delta T = 0.12 \text{ mol} \times 20.6 \text{ J/K mol} \times (-150 \text{ K}) \fallingdotseq -370$ J

膨張過程 A $\to$ B で外部に対して仕事をしているので

$$W = -P\Delta V = -1.5 \times 10^5 \, \text{Pa} \times 1.0 \times 10^{-3} \, \text{m}^3 = -150 \, \text{J}$$

したがって，上問 (e) の答えも使えば

$$W + Q = -150 \, \text{J} + 520 \, \text{J} - 740 \, \text{J} = -370 \, \text{J}$$

これは ΔU に等しい．

答 類題 2.6 (a) $\Delta(PV)$ とは積 PV の微小な変化ということだから

$$\Delta(PV) = (P + \Delta P)(V + \Delta V) - PV = P\Delta V + V\Delta P + \Delta P \Delta V$$

第 3 項は微小量についての 2 次式なので無視すれば，与式が得られる（この項を残しておいても，問 (d) で微分を求めるときには微小量をゼロにする極限を取るので，その段階でゼロになる）．

(b) $PV = mRT$ の両辺の微小変化を考えれば

$$P\Delta V + V\Delta P = mR\Delta T$$

(c) 式 (2.2) より $C_V m \Delta T = -P\Delta V$ なので

$$P\Delta V + V\Delta P = -\frac{R}{C_V} P\Delta V$$

(d) $V\Delta P = -\left(\frac{R}{C_V} + 1\right) P\Delta V = -\gamma P\Delta V \to \frac{dP}{dV} = -\gamma \frac{P}{V}$

答 類題 2.7 応用問題 2.1 (a) と同じ式を使えば，10 atm のときは $T = 566$ K．また，問 (b) と同じ式を逆に使えば（$x = \frac{1}{10}$ とする），$T = 293 \, \text{K} \times 10^{2/5} = 736$ K．

答 類題 2.8 (a) **A → B**（定積）：Q_1（吸熱）$= \frac{C_V}{R} V_1(P_2 - P_1)$
B → C（等温）：Q_2（吸熱）$= -W_2 = P_2 V_1 (\log V_2 - \log V_1)$
C → A（定圧）：Q_3（排熱）$= \frac{C_P}{R}(V_2 - V_1)P_1$

(b) $P_1 V_2 = P_2 V_1$, $C_P = C_V + R$ であることを使うと

$$Q_1 - Q_3 = -P_1(V_2 - V_1)$$

したがって

$$\text{入ってきた正味の熱} = Q_1 + Q_2 - Q_3 = Q_2 - P_1(V_2 - V_1)$$

これは

$$\text{外部にした正味の仕事} = -W_2 + (\text{C → A での仕事})$$

に等しい．

(c) $C_V = \alpha R$ とすると

$$\text{熱効率} = \frac{-W_2 - W_3}{Q_1 + Q_2} = \frac{3\log 3 - 2}{2\alpha + 3\log 3}$$

$\alpha \geq \frac{3}{2}$ なので，これは 0.21 よりも小さい．
(d) 最高温度（B）と最低温度（A）の比は $\frac{1}{3}$ なので
$$カルノー効率 = 1 - \frac{1}{3} = \frac{2}{3}$$
明らかに 0.21 よりも大きい．
(e) 出力 $= -W_2 - W_3 = P_2V_1(\log V_2 - \log V_1) - P_1(V_2 - V_1) = 3P_1V_1 \log 3 - 2P_1V_1 \fallingdotseq 1.3 \times 10\,\text{J} = 13\,\text{J}$

答 類題 2.9 (a) 温度差 $T_H - T_L$ が小さいほど成績係数は大きい．つまり室内の温度を下げるほど効率は悪くなる．
(b) $\frac{298}{5} : \frac{293}{10} \fallingdotseq 2.0$．約 2 倍異なる（ほぼ温度差で決まる）．

答 類題 2.10 基本問題 2.16 (a) が，この問題の解答になっている．熱が 100 %，仕事になったとすれば，これは熱効率 100 % の熱機関に他ならない．

答 類題 2.11 (a) 第 1 の熱機関が吸収する熱を Q_1，放出する熱を Q_2，そのときに第 2 の熱機関が放出する熱を Q_3 とすると
$$Q_2 = Q_1(1-\eta_1), \quad Q_3 = Q_2(1-\eta_2) = Q_1(1-\eta_1)(1-\eta_2)$$
これより $1 - \eta = \frac{Q_3}{Q_1} = (1-\eta_1)(1-\eta_2) \to \eta = 1 - (1-\eta_1)(1-\eta_2)$．
(b) $1 - \eta_1 = \frac{T_2}{T_1}$ などを代入すれば，$\eta = 1 - \frac{T_3}{T_1}$．

注 これは T_1 と T_3 の熱源を使ったカルノー機関の熱効率に他ならない．可逆な熱機関の熱効率はすべて等しい（基本問題 2.15）ということから当然である．

答 類題 3.1 水と油の分子は分離していたほうが，互いの位置エネルギーが小さい．したがって分離すると余ったエネルギーが周囲の分子を暖める．つまり周囲の状態の乱雑さが増える．水と油が混ざることによる乱雑さよりも，周囲が温まることによる乱雑さのほうが大きければ，第 2 法則により水と油は分離する．

答 類題 3.2 (a) 場合の数は 6^N 倍増えるので，エントロピーは $k \log 6^N = kN \log 6$，つまり N に比例する量だけ増える．
(b) 理解度のチェック 3.5 の答えで述べたように位置の可能性が 1000 倍になるとすれば，場合の数は 1000^N 倍増える．したがってエントロピーは $k \log 1000^N = kN \log 1000$ だけ増える．

答 類題 3.3 温度 T_H の高温物体から熱 Q が出て行ったとすれば，高温物体のエントロピーの変化は $\Delta S = -\frac{Q}{T_H}$ である（$Q > 0$ ならば減少，$Q < 0$ ならば増加）．そ

の熱が，温度 T_L の低温物体に入ったとすれば，そのエントロピー変化は $\Delta S = \frac{Q}{T_L}$. したがって

$$\text{全エントロピーの変化} = -\frac{Q}{T_H} + \frac{Q}{T_L} = Q\left(\frac{1}{T_L} - \frac{1}{T_H}\right)$$

これが負になれないとすれば，$T_L < T_H$ なのだから，Q は負ではありえない．

答 類題 3.4 N 組の客の中から，東館に割り当てる n 組の客を選び出す場合の数は，

$$_N C_n = \frac{N!}{n!\,(N-n)!}$$

これは，東西での部屋の確保という観点から考えた場合の数（基本問題 3.11 (b)）

$$\frac{M^N}{n!\,(N-n)!}$$

と，n 依存性に関する限り同じである．

注 N 個の分子を容器の左右に分ける場合の数は，ポイント 1 では $_N C_n$ であると説明した．この問題を，基本問題 3.11 のように，左右それぞれに n か所と $N-n$ か所の分子の場所を確保する問題とみなしても，分布は同じになるというのが，この類題の結論である．後者の見方だと，左右それぞれに付随する量（$\frac{M^n}{n!}$ と $\frac{M^{N-n}}{(N-n)!}$）の積になるので，エントロピーを左右それぞれで個別に定義することが可能になる． ●

答 類題 3.5 ヒント にあるように，問 (b) の式（最右辺）の U を，$\frac{U}{\varepsilon}$ に置き換えたうえで計算する．

$$\frac{1}{T} = \frac{dS}{dU} = \frac{k}{\varepsilon}\left(\log\left(\frac{U}{\varepsilon} + N\right) - \log\frac{U}{\varepsilon}\right) = k\log\frac{U+N\varepsilon}{U} \quad \rightarrow \quad U = \frac{N\varepsilon}{e^{\varepsilon/kT} - 1}$$

応用問題 3.4 と比べると，分母第 2 項の符号が変わっているだけである．$T \to 0$ では $U \to 0$．$T \to \infty$ では $U \to NkT \to \infty$ となる（$x \to 0$ では $e^x - 1 \simeq x$ なので）．

答 類題 4.1 (a) 微小量について 1 次の項に対して成り立つ関係式として考える．

$$\Delta(xy) = (x + \Delta x)(y + \Delta y) - xy \fallingdotseq x\,\Delta y + y\,\Delta x$$

(b) 問 (a) から $\Delta(fg) = f\,\Delta g + g\,\Delta f$ であり，それに，$\Delta f = \frac{df}{dx}\,\Delta x$ などを代入すればよい．$\Delta(fg) = \frac{d(fg)}{dx}\,\Delta x$ と書けば

$$\frac{d(fg)}{dx} = f\frac{dg}{dx} + g\frac{df}{dx}$$

ということだから，これは積の微分法則（ライプニッツの規則）に他ならない．

答 類題 4.2 $\Delta S = \frac{1}{T}\Delta U + \frac{P}{T}\Delta V$ より

$$\left.\frac{\partial S}{\partial U}\right|_V = \frac{1}{T} = \frac{k\alpha N}{U}, \qquad \left.\frac{\partial S}{\partial V}\right|_U = \frac{P}{T} = \frac{kN}{V}$$

第1式より
$$S = k\alpha N \log U + (U \text{ に依存しない項})$$
第2式より
$$S = kN \log V + (V \text{ に依存しない項})$$
合わせると
$$S = k\alpha N \log U + kN \log V + (N \text{ のみで決まる項})$$
示量数であることを考えると式 (3.12) の形になる．

答 類題 4.3 (a) $\Delta G = \Delta F + \Delta(PV) = -S\Delta T - P\Delta V + (P\Delta V + V\Delta P) = -S\Delta T + V\Delta P$

(b) $\left.\frac{\partial G}{\partial T}\right|_P = -S$, $\left.\frac{\partial G}{\partial P}\right|_T = V$

(c) $-\left.\frac{\partial S}{\partial P}\right|_T = \left.\frac{\partial V}{\partial T}\right|_P$

答 類題 4.4 (a) 式 (3.12) の S を上問解答のように書き，U を T で書き換えれば
$$S(T, V, N) = k\alpha N \log T + kN \log \frac{V}{N} + (c + k\alpha \log k\alpha)N$$
独立変数を変えていることを明示している．これより
$$F = U - TS = k\alpha NT - TS(T, V, N)$$

(b) S を T と P で書き換えれば（$\frac{V}{N} = \frac{kT}{P}$ より）
$$S(T, P, N) = k(\alpha + 1)N \log T - kN \log P + (c + k\alpha \log k\alpha + k \log k)N$$
したがって
$$G = F + PV = k(\alpha + 1)NT - TS(T, P, N)$$

(c) $\frac{G}{N}$ が上問解答の μ に等しいことを確かめていただきたい．

答 類題 4.5 粒子の総数を N とし，それを $N_1 \sim N_n$ に分ける場合の数を C とすれば
$$C = \frac{N!}{N_1! \, N_2! \, N_3! \cdots}$$
$$\to \quad \log C = \log N! - \log N_1! - \log N_2! - \cdots$$
$$\fallingdotseq (N_1 + N_2 + \cdots) \log N - N_1 \log N_1 - N_2 \log N_2 - \cdots$$
$$= N_1 \log \frac{N}{N_1} + N_2 \log \frac{N}{N_2} + \cdots$$
これの k 倍が混合のエントロピーだが，$\frac{N_i}{N} = x_i$ と書けば
$$S(\text{混合}) = -kN_1 \log x_1 - kN_2 \log x_2 - \cdots$$
とも書ける．

答 類題 4.6 ヒント の U の式を，T 一定のもとで V で微分すると，V は2か所に出てくるので

$$\left.\frac{\partial U}{\partial V}\right|_T = \left.\frac{\partial U}{\partial S}\right|_V \left.\frac{\partial S}{\partial V}\right|_T + \left.\frac{\partial U}{\partial V}\right|_S = T\left.\frac{\partial S}{\partial V}\right|_T - P$$

ここで基本問題 4.4 のマクスウェルの関係式を使えば，求める式が得られる．

答 類題 5.1 通常，物質は温度が下がると体積は減る．しかし水は特殊であり，4℃で密度最大，それより冷えると体積は増える（単位体積当たり質量が減るという意味で軽くなる）．氷になるとさらに膨張する．つまり水は0℃近くに冷えると，4℃の水が下に，それより冷たい水が上にくるので表面から凍り始める．氷は水よりも軽いので，表面にできた氷はそのまま浮いている（こうなるのは，氷では水分子が，隙間を多く取るように配列するからである．4℃未満の水でも部分的にそのような配列が生じ，体積が増える）．

答 類題 5.2 (a) まず，過冷却状態の水と，それと同温の正常な氷の比較をする．摂氏零度では H は（U も）氷のほうが小さく，S は水のほうが大きく，この2つの効果が拮抗して G は等しい．したがってそれよりも少し温度が低くても H と S の大小関係についてはすぐには変わらないだろう．ただし真の状態は氷なのだから，G は氷のほうが小さい．
(b) 過熱状態の氷と，それと同温の正常な水の比較も，G の大小が逆になる他は変わらない．

答 類題 5.3 $\Delta P > 0$ ならば $\Delta G > 0$ なので，圧力が増えれば G も増える．ただし V が小さい水では，G はあまり変化しない．つまり理解度のチェック 5.6 の図の曲線は，水蒸気（曲線 a）では大きく上がり，水（曲線 b）ではあまり変化しない．したがって交点は右（温度が高いほう）にずれる．つまり圧力が増えると沸点は上がるということであり，理解度のチェック 5.7 の結論と一致している．

答 類題 5.4 ポイントの図によれば，氷と水の境界線はわずかに左に傾いている．つまり圧力が上がると融点は下がる．また，体積変化と潜熱の符号が逆なので，クラウジウス–クラペイロンの式の右辺は負．つまり圧力を上げると融点は下がることを意味する（どれだけ下がるかは類題 5.7 参照）．

答 類題 5.5 $\mathbf{A} \to \mathbf{B}$：$C_\text{固} \frac{\Delta T}{T}$ を 263 K から 273 K まで加える．したがって

$$\int \frac{C_\text{固}}{T} dT = C_\text{固} \log \frac{273}{263} = 1.4 \text{ J/K mol}$$

$\mathbf{B} \to \mathbf{C}$：$\frac{L_\text{融}}{T_\text{融}} = 22.0 \text{ J/K mol}$

$\mathbf{C} \to \mathbf{D}$: $\int \frac{C_{液}}{T} dT = C_{液} \log \frac{373}{273} = 23.4$ J/K mol

$\mathbf{D} \to \mathbf{E}$: $\frac{L_{気}}{T_{気}} = 109.0$ J/K mol

$\mathbf{E} \to \mathbf{F}$: $\int \frac{C_{気}}{T} dT = C_{気} \log \frac{473}{373} = 8.4$ J/K mol

答 類題 5.6 (a) 1 mol は 18 g だから水の体積は $18 \text{ cm}^3 = 1.8 \times 10^{-5} \text{ m}^3$. 水蒸気の体積は $V = \frac{mRT}{P} = 0.031 \text{ m}^3$ なので，約 1700 倍になる．

(b) 1 atm $\fallingdotseq 1 \times 10^5$ Pa より，$P \Delta V \fallingdotseq 3.1$ kJ. したがって $\Delta U \fallingdotseq 38$ kJ. 内部エネルギーの変化 ΔU が気化熱の大部分を占める．

答 類題 5.7 $\frac{3}{2} kT \fallingdotseq 0.8 \times 10^{-20}$ J. 一方，1 分子当たりの気化熱は

$$L_{気} \div N_\mathrm{A} = 40.66 \text{ kJ/mol} \div (6.0 \times 10^{23} \text{ mol}) \fallingdotseq 6.8 \times 10^{-20} \text{ J}$$

水中での水分子どうしの結合エネルギー（潜熱の主な起源）のほうが，かなり大きいことがわかる．

答 類題 5.8 まず，相転移での体積変化を計算すると

$$\Delta V = (0.917 \text{ g/cm}^3)^{-1} - (1 \text{ g/cm}^3)^{-1} = 0.0905 \text{ cm}^3/\text{g}$$
$$= 0.0905 \text{ cm}^3/\text{g} \times \frac{18 \text{ g}}{1 \text{ mol}} \times \frac{1 \text{ m}^3}{10^6 \text{ cm}^3} = 1.63 \times 10^{-6} \text{ m}^3/\text{mol}$$

これより融点の温度変化は

$$\Delta T = \left(T \frac{\Delta V}{L}\right) \times \Delta P$$
$$= 273 \text{ K} \times 1.63 \times 10^{-6} \text{ m}^3/\text{mol} \div (6.01 \times 10^3 \text{ J/mol}) \times 9 \times 10^5 \text{ Pa}$$
$$= 6.7 \times 10^{-2} \text{ K}$$

体積変化が小さいので温度変化は，ごくわずかである．

答 類題 5.9 1 気圧，22.4 L で 1 mol であることを考えれば，この空気中の水蒸気 (0.03 atm) のモル数は

$$((4 \text{ m})^3 \times 0.03) \div 22.4 \text{ L/mol} = 86 \text{ mol}$$

水は 1 mol で 18 g だから，これは約 1500 g, すなわち 1.5 L になる．

答 類題 5.10 液相と固相で体積が変わらないとすれば，PT 図で液相と固相の境界は垂直（温度一定）の線になる．つまりその温度よりも低温ならば，液相は固相に変わる（図 (a)). したがって基本問題 5.9 の解答の PV 図は，図 (b) のようになる．また応用問題 5.3 の解答の TV 図は図 (c) のようになる．

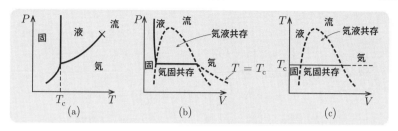

答 類題 5.11 (a) 浸透圧につり合う圧力で，1 mol の体積 V 分だけ膜を透過させなければならない．そのための仕事は，基本問題 5.12 の式より

$$仕事 = 浸透圧 \times V = \frac{RT}{V}x \times V = RTx$$

(b) 圧力 P のものを圧力 P_0 にしなければならないのだから（$P = P_0(1-x)$），体積は $\Delta V = Vx$ だけ圧縮しなければならない．そのために必要な仕事は

$$仕事 = P_0 \times \Delta V = \frac{RT}{V} \times Vx = RTx$$

x は微小だとしているので，上式の圧力は P_0 でも P でもよい（ここのこの V は気体の体積であり問 (a) の V ではないが，いずれも分母と分子で打ち消し合うのでその違いは問題にならない）．

(c) 式 (5.4) より，混合による G の変化は RTx．

答 類題 6.1 グラファイトが基準になるのだから，その生成標準エンタルピーはゼロ．ダイヤモンド 1 mol を生成するには 1.90 kJ のエネルギーを必要とするので，ダイヤモンドの生成標準エンタルピーは 1.90 kJ/mol．

答 類題 6.2 (a) 全体が 2 倍になっているので，$\Delta G^* = -514$ kJ/mol．
(b) 化学平衡の法則の式で，$CO + \frac{1}{2}O_2 \to CO_2$ のときは，左辺のたとえば CO については P_{CO} だが，$2CO + O_2 \to 2CO_2$ のときは係数 2 を反映して，P_{CO}^2 となる．すべての成分についてこのように変わるので，右辺も後者では 2 乗になっていなければならない．つまり指数である ΔG^* が 2 倍になっていなければならない．

答 類題 6.3 (a) CO よりも CO_2 のほうが生成エンタルピーが低いのだから，その分を放出している．つまり発熱である（CO の燃焼反応なので当然である）．
(b) C と O_2 は単体だから生成エントロピーはゼロ．
CO：$197.90 - 5.69 - \frac{1}{2} \times 205.03 = 89.70$ (J/K mol)
CO_2：$213.64 - 5.69 - 205.03 = 2.02$ (J/K mol)
(c) 標準生成ギブスエネルギー ＝ 標準生成エンタルピー － 298 K × 標準生成エント

ロピーであることを使って確かめよ．

(d) $\frac{\Delta G^*}{RT} = 2 \times (-394380 + 137270)$ J/mol $\div (8.31 \times 298$ J/mol$) \fallingdotseq -208$. したがって，$K = e^{-\Delta G^*/RT} = 2.15 \times 10^{90}$.

(e) $\frac{P_{CO_2}}{P_{CO}} = \sqrt{P_{O_2}K} = 6.5 \times 10^{44}$

(f) $\sqrt{P_{O_2}K} = 1 \to K = 5 \text{ atm}^{-1}$ としなければならない．すなわち

$$\frac{\Delta G^*}{T} = \frac{\Delta H^*}{T} - \Delta S^* = -R\log 5 \quad \to \quad T = \frac{\Delta H^*}{\Delta S^* - R\log 5}$$

ここで，

$$\Delta H^* = 2 \times (-393780 + 110540) \text{ J/mol} = -566480 \text{ J/mol}$$

$$\Delta S^* = 2 \times (2.02 - 89.70) \text{ J/K mol} = -175 \text{ J/K mol}$$

を使えば

$$T \fallingdotseq 3010 \text{ K}$$

答 類題 6.4 (a) $\Delta H^* = (-393.51 + 0) - (-110.54) + (-241.83) = -41.14$ (kJ/mol)．H が減っているのだから発熱．

(b) C, O_2, H_2 は単体なのでゼロ．また，CO_2 と CO は前問 (b) で求めた．
H_2O : $188.72 - 130.59 - \frac{1}{2} \times 205.03 = -44.39$ (J/K mol)

(c) 標準生成エントロピーのほうから計算すれば

$$\Delta S^* = 2.02 + 0 - 89.70 - (-44.39) = -43.29 \text{ (J/K mol)}$$

したがって

$\Delta G^* = \Delta H^* - T\Delta S^* = 28240$ J/mol $\to K = e^{-\Delta G^*/RT} = e^{11.4} = 9 \times 10^4$

(d) 発熱反応なので，温度を上げると反応は生成系のほうに進む（問題の反応式で左向き）．また，H_2 を増やしても反応は左に進む（CO_2 の還元が進む）．

(e) x atm の H_2 を混ぜたとしよう．10% の CO_2 が還元されたとすれば，CO_2, CO, H_2O, H_2 の分圧はそれぞれ (atm 単位で) 0.9, 0.1, 0.1, $x - 0.1$ となる．したがって

$$K = 0.9(x - 0.1) \div (0.1)^2 = 90(x - 0.1)$$

一方，500 K での平衡定数は

$$\Delta G^* = \Delta H^* - T\Delta S^* = -41140 - 500 \times (-43.29) = -19495 \text{ (J/mol)}$$

したがって

$$K = e^{-\Delta G^*/RT} = e^{4.69} \fallingdotseq 109 \quad \to \quad x = 1.3 \text{ (atm)}$$

類題の解答   **189**

答 類題 6.5 α 分が 2 粒子に分離したのだから，合計の粒子数は

$$(1-\alpha) + 2\alpha = 1+\alpha$$

倍になる．つまり 0.1 mol/kg という電解質の濃度は粒子数で見れば，$0.1(1+\alpha)$ mol/kg という濃度になる．それが 0.2 K の凝固点降下をもたらすとすれば

$$1.86 \text{ K kg/mol} \times 0.1(1+\alpha) \text{ mol/kg} = 0.2 \text{ K}$$

これより，$\alpha = 0.075$．

答 類題 6.6 (a) 電離しなかったとしたときの BOH のモル濃度を一般に n とすれば，$[B^+] = [OH^-] = \alpha n$, $[BOH] = (1-\alpha)n$ だから $K = \frac{\alpha^2 n}{1-\alpha}$. $n = 0.1$ mol/L, $\alpha = 0.1$ とすれば，$K \fallingdotseq 1.1 \times 10^{-3}$ mol/L．

(b) $K(1-\alpha) = \alpha^2 n$ という式を，$n = 0.01$ mol/L, $K \fallingdotseq 1.1 \times 10^{-3}$ mol/L として解くと，$\alpha \fallingdotseq 0.3$．

(c) $[OH^-] = n\alpha$ なので

$$\text{pH} = -\log_{10}[H^+] = 14 + \log_{10}[OH^-] = 14 + \log_{10} n\alpha = 12$$

(d) 同様にして，pH $\fallingdotseq 11.5$．

答 類題 6.7 (a) 溶液に入れた BA のうち，割合 α が OH^- をもたらす．つまり

$$[OH^-] = n\alpha$$

したがって，上問 (c) と同様に

$$\text{pH} = 14 + \log_{10}[OH^-] = 14 + \log_{10}[n\alpha]$$

(b) 問 (a) の反応の化学平衡の法則は（H_2O の濃度はほぼ一定なので）

$$\frac{[HA][OH^-]}{[A^-]} = \frac{(n\alpha)^2}{n(1-\alpha)} \fallingdotseq n\alpha^2$$

これを使って，$HA \to H^+ + A$ の化学平衡の法則を書きかえると

$$K = \frac{[H^+][A^-]}{[HA]} = [H^+][OH^-] \times \frac{[A^-]}{[HA][OH^-]} = \frac{10^{-14}}{n\alpha^2} \to n\alpha = \left(\frac{10^{-14} n}{K}\right)^{1/2}$$

したがって

$$\text{pH} = 14 + \frac{1}{2} \log_{10} \frac{10^{-14} n}{K} = 7 + \frac{1}{2} \log_{10} \frac{n}{K}$$

注 $\frac{n}{K} \fallingdotseq \frac{[B^+][HA]}{[H][A^-]}$ であり，$[B^+] \fallingdotseq [A^-]$, $[HA] > [H^+]$ なので，pH > 7 となりアルカリ性を示す．

答 類題 6.8 (a) $\frac{\partial G}{\partial T} = -S$ に $G = H - TS$ を代入すれば

$$\text{左辺} = \frac{\partial H}{\partial T} - S - T\frac{\partial S}{\partial T} = -S$$

だから，与式が得られる．上問の (a) と (b) の計算式が与式を満たしていることは，ΔH^* を T_2 で微分した式と，ΔS^* を T_2 で微分して T_2 を掛けたものが等しいことから明らか．

(b) $\frac{\partial}{\partial T}\frac{G}{T} = \frac{1}{T}\frac{\partial G}{\partial T} - \frac{G}{T^2} = \frac{S}{T} - \frac{G}{T^2}$ に $G = H - TS$ を代入すれば，与式の右辺になる．

答 類題 6.9 150 ページの最後の式から明らか．4つの電子が移動するので左辺は $4FV$ となり，また反応前後の物質がどちらも O_2 なので，$\Delta G^* = 0$．

答 類題 7.1 高度 x のところにある容器内の，ある位置に存在する粒子の位置エネルギーは Mgx．したがってそれによるボルツマン因子は $e^{-Mgx/kT}$．温度が一定ならば運動エネルギーは高度に依存しないので，高度依存性を考えるときは考える必要はない．各容器内の微視的状態数は体積 V に比例するので，粒子が特定の容器内に存在する確率は $Ve^{-Mgx/kT}$ に比例する．

答 類題 7.2 (a) $E = 1\,\mathrm{eV}$, $T = 300\,\mathrm{K}$ のときは

$$\frac{E}{kT} = \frac{1.6 \times 10^{-19}}{1.4 \times 10^{-23} \times 300} \fallingdotseq 38 \quad \to \quad e^{-38} = 3.2 \times 10^{-17}$$

同様に，$E = 1\,\mathrm{eV}$, $T = 3000\,\mathrm{K}$ のときは

$$\frac{E}{kT} = \frac{1.6 \times 10^{-19}}{1.4 \times 10^{-23} \times 3000} \fallingdotseq 3.8 \quad \to \quad e^{-3.8} = 0.022$$

答 類題 7.3 すべての微視的状態の実現確率が等しいとすれば，ρ 個ある，すべての微視的状態 i に対して $p_i = \frac{1}{\rho}$ である．したがって

$$S = -k\sum p_i \log p_i = -k\left(\frac{1}{\rho}\log\frac{1}{\rho}\right) \times \rho = k\log\rho$$

注 つまりこの S の式は，等重率の原理が成り立っているとは限らない一般的な場合への，エントロピーの定義の拡張とみなすことができる．

答 類題 7.4 T を一定として E を変えたときの $E - kT\log\rho$ の最小値を $F(T)$ とする．そのときの E の値を E_0 とすれば，$S = k\log\rho$ として

$$F(T) = E_0 - TS(E_0)$$

であり，式 (7.9) の積分は **ヒント** を使えば

$$Z(T) = e^{-F(T)/kT} \times (\text{ピークの幅})$$

これが式 (7.10) である．またこれより

$$F(T) = -kT \log Z + kT \log (\text{ピークの幅})$$

だが，また基本問題 7.3 より，E_0 と $S(E_0)$ は粒子数 N 程度の量であり，それに対してピークの幅は $\frac{E_0}{\sqrt{N}} \sim \sqrt{N}$ 程度になる．N 程度の量である $F(T)$ の中で，$\log N$ 程度の量は無視できるので，式 (7.11) が導かれる．

答 類題 7.5 (a) 基本問題 7.4 (b) より，$v(\text{ピーク}) = \sqrt{\frac{2kT}{M}}$．基本問題 7.5 (a) の答えの 3 倍の平方根より，$\sqrt{\overline{v^2}} = \sqrt{\frac{3kT}{M}}$．また

$$\overline{v} = C\int_0^\infty v e^{-Av^2} 4\pi v^2\, dv = 2\pi C \int_0^\infty e^{-Ax} x\, dx$$
$$= \frac{2\pi C}{A^2} = \frac{2}{\sqrt{\pi}} \sqrt{2kT/M}$$

$x = v^2$ とし，部分積分をした．以上より

$$\sqrt{\overline{v^2}} > \overline{v} > v(\text{ピーク})$$

(b) $(E_\text{運} - \overline{E}_\text{運})^2$ の平均 $= E_\text{運}^2$ の平均 $- \overline{E^2}_\text{運} = \left(\frac{M}{2}\right)^2 (\overline{v^4} - (\overline{v^2})^2)$ であり（上式は応用問題 7.2 (a) を参照）

$$\overline{v^4} = C\int_0^\infty v^4 e^{-Av^2} 4\pi v^2\, dv = \tfrac{15}{4} \tfrac{1}{A^2} = 15\left(\tfrac{kT}{M}\right)^2$$
$$\overline{v^2} = \left(\tfrac{3kT}{M}\right)^2$$

なので

$$(E_\text{運} - \overline{E}_\text{運})^2 \text{ の平均} = \tfrac{3}{2}(kT)^2$$

その平方根は $\sqrt{\frac{3}{2}} kT$ であり，$\overline{E}_\text{運} = \frac{3}{2} kT$ に比べて 80％ 程度である．平均値と同じ程度の揺らぎがあることを意味する．

答 類題 7.6 $\varepsilon_n = n(n+1)\varepsilon$ とすると，分配関数は

$$z = \sum (2n+1) e^{-\beta \varepsilon_n}$$

となる．ここで，β が小さいとし（高温極限），右辺が滑らかに変わるので積分に置き換えてよいとし

$$z \fallingdotseq \int dn (2n+1) e^{-\beta \varepsilon_n}$$

とする．さらに，$x = \sqrt{\beta}\left(n + \frac{1}{2}\right)$ とすると

$$\text{上式} = \tfrac{1}{\sqrt{\beta}} \int dx \tfrac{2x}{\sqrt{\beta}} e^{-\varepsilon x^2} e^{\beta \varepsilon / 4}$$

となるが、β は小さいので最後の因子は 1 と近似でき，また，積分範囲も $[0, \infty]$ としてよいとすれば，β 依存性に関しては

$$z \propto \frac{1}{\beta}$$

となる．これより

$$E = \frac{\partial \log z}{\partial \beta} = \frac{1}{\beta} = kT$$

となり，また比熱は k となる．これは古典力学での回転 2 個分に相当する．

答 類題 7.7 前問（応用問題 7.7），あるいは 130 ページの記号を使う．磁場 B が上向きにかかっているときは，磁気モーメントが上向きの電子のエネルギーは $Ks + B\mu$ だけ減り，下向きの電子は同じだけ減る．したがって $x = Ks + B\mu$ とすれば，応用問題 7.7 の解答の第 1 式は変わらない．x が微小だとして展開をするが，ここでは $p_{\pm} \simeq \frac{1}{2}(1 \pm x)$ より $p_+ - p_- \simeq \beta x$ とすれば十分であり，したがって

$$2s = \beta(Ks + B\mu)N$$

となる．これを整理すれば

$$\frac{s}{B} \propto \frac{1}{2 - \beta NK} \propto \frac{1}{T - T_c}$$

ただし $T_c = \frac{KN}{2k}$ となる．これは 131 ページで得た結果と一致する．

索引

● あ行 ●

圧平衡定数　138
アボガドロ数　3

位置エネルギー　6
移動量　88

運動エネルギー　6
運動の凍結　154

液相　108
エネルギー　1
エネルギー効果　84
エネルギー方程式　100
エンタルピー　38, 84
エントロピー　1, 62
エントロピー効果　84
エントロピー生成　102
エントロピー非減少の法則　63

オットーサイクル　41

● か行 ●

回転運動（量子力学版）　170
解離度　138
ガウス積分　61
ガウス分布　54
化学平衡の法則　132
化学ポテンシャル　85
拡散的接触　90
撹拌　8
加水分解　145

活量　152
活量係数　152
過熱状態　112
カノニカル分布　155
カルノー効率　41
カルノーサイクル　41, 47
過冷却状態　112
環境　84
完全熱関数　101

気化　108
気化熱　9, 108
気相　108
気体定数　4, 24
希薄溶液　109
ギブズの自由エネルギー　84
逆温度　154
逆カルノーサイクル　46
キュリー－ワイスの法則　131
凝固　108
凝固点　108
凝固点降下　122
凝固点降下定数　126
凝固熱　9, 108
強磁性　130, 172
凝縮　108
凝縮点　108
凝縮熱　9

空洞放射　174
組合せの数　54
クラウジウス－クラペイロンの式　109
クラウジウスの原理　40

クラウジウスの不等式　52

ケルビンの原理　40
原系　132
原子質量単位　4

広義のエネルギー保存則　7
光子　177
黒体放射　174
固相　108
ゴム弾性　106, 172
混合のエントロピー　85, 98

● さ行 ●

三重点　108

磁化　130
示強変数　88
実在気体　128
質量モル濃度　126
自発磁化　130
磁比率　131
自由膨張　55
ジュール-トムソン過程　38
ジュール-トムソン過程　128
準安定状態　112
準静的　25
昇華　108
蒸気圧　109
状態図　108
状態方程式　24, 107
状態量　88
蒸発熱　108
示量変数　88

浸透圧　122
振動（量子力学版）　166

スターリングの公式　60
ステファン-ボルツマン定数　176

正準分布　155
生成系　132
成績係数　46
絶対温度　15
潜熱　9, 108

相図　108
相転移　108

● た行 ●

単原子理想気体の分配関数　154
淡水化　126
断熱過程　34

定圧過程　9, 25, 30
定圧比熱　9
定圧モル比熱　30
ディーゼルサイクル　53
定積過程　9, 25, 32
定積比熱　9
定積モル比熱　25, 30
電磁波の熱統計　174
電池の原理　133
電離定数　142
電離度　142

等温過程　25, 32
等重率の原理　55, 62

索　引

同種粒子効果　77
特性温度　166
閉じた系　6
トムソンの原理　40

● な行 ●

内部エネルギー　7

熱運動　7
熱機関　40
熱効率　40
熱的接触　55
熱の仕事当量　9
熱平衡　1
熱容量　9
熱浴　84
熱力学第1法則　1, 7
熱力学第2法則　1, 84
熱力学第2法則の統計力学的解釈　55
熱力学の第2法則　40

濃度平衡定数　138

ヒートポンプ　42
微視的状態　1
微視的状態数　62
比熱　9
比熱比　34
標準状態　132
標準生成エンタルピー　133
標準生成エントロピー　133
標準生成ギブズエネルギー　133
開いた系　6

ファラデー定数　150

ファンデルワールス気体　128
不可逆性　40
物質的接触　90
沸点　108
沸騰　108
プランク定数　175
プランク分布　176
ブレイトンサイクル　41
分配関数　154

平均場近似　130
平衡状態　25
平衡定数　132
ヘルムホルツの自由エネルギー　84
偏微分　82

飽和水蒸気圧　109
ボルツマン因子　154
ボルツマン定数　4, 62
ボルツマン分布　154

● ま行 ●

マイヤーの関係　30
マクスウェルの関係式　82
マクスウェルの規則　129
マクスウェル-ボルツマン分布　154

密度平衡定数　138

モルギブズエネルギー　109
モル数　9
モル濃度　142
モル比熱　9

● や行 ●

融解　108

融解熱　9, 108
融点　108
揺らぎ　168

溶質　109
溶媒　109

力学的エネルギー保存則　6
理想気体　24
理想気体のエントロピー　63
臨界点　108

ルシャトリエの原理　133

ルジャンドル変換　94

● **ら行** ●

励起状態　156

● **欧字** ●

2項分布　54
g 比熱　9
kg 比熱　9
PT 図　108
PV 図　25, 120
TV 図　124

著者略歴

和田純夫
(わだすみお)

1972年 東京大学理学部物理学科 卒業
2015年 東京大学総合文化研究科専任講師 定年退職
現　在 成蹊大学非常勤講師

主要著訳書
「物理講義のききどころ」全6巻（岩波書店），
「一般教養としての物理学入門」（岩波書店），
「プリンキピアを読む」（講談社ブルーバックス），
「新・単位がわかると物理がわかる」（共著，ベレ出版），
「ファインマン講義 重力の理論」（訳書，岩波書店），
「ライブラリ物理学グラフィック講義」1〜6巻（サイエンス社），
「グラフィック演習 力学の基礎」（サイエンス社），
「グラフィック演習 電磁気学の基礎」（サイエンス社）

ライブラリ 物理学グラフィック講義＝別巻3

グラフィック演習 熱・統計力学の基礎

2016年2月10日© 　　　　　　　初　版　発　行

著　者　和田純夫　　　発行者　森　平　敏　孝
　　　　　　　　　　　印刷者　林　　初　彦

発行所　株式会社　サ　イ　エ　ン　ス　社

〒151-0051　東京都渋谷区千駄ヶ谷1丁目3番25号
営業 ☎ (03)5474-8500 (代)　振替 00170-7-2387
編集 ☎ (03)5474-8600 (代)
FAX ☎ (03)5474-8900

印刷・製本　太洋社
《検印省略》

本書の内容を無断で複写複製することは，著作者および出版社の権利を侵害することがありますので，その場合にはあらかじめ小社あて許諾をお求め下さい．

サイエンス社のホームページのご案内
http://www.saiensu.co.jp
ご意見・ご要望は
rikei@saiensu.co.jp まで．

ISBN978-4-7819-1375-9

PRINTED IN JAPAN

熱力学の基礎
宮下精二著　Ａ５・本体1600円

統計力学
広池和夫著　Ａ５・本体1748円

熱・統計力学講義
河原林透著　２色刷・Ｂ５・本体2200円

熱・統計力学入門
阿部龍蔵著　Ａ５・本体1700円

演習熱力学・統計力学［新訂版］
広池・田中共著　Ａ５・本体1850円

新・演習　熱・統計力学
阿部龍蔵著　２色刷・Ａ５・本体1800円

熱・統計力学演習
瀬川・香川・堀辺共著　Ａ５・本体1748円

＊表示価格は全て税抜きです．

サイエンス社

はじめて学ぶ 熱・波動・光
阿部龍蔵著　2色刷・A5・本体1500円

基礎 波動・光・熱学
永田一清編　A5・本体1700円

新・基礎 波動・光・熱学
永田・松原共著　2色刷・A5・本体1800円

＊表示価格は全て税抜きです．

サイエンス社

物理数学の基礎
香取・中野共著　2色刷・B5・本体1900円

新版 物理数学ノート
－基礎物理をよりよく理解するために－
佐藤　光著　A5・本体1900円

物理学のための応用解析
初貝安弘著　B5・本体1900円

＊表示価格は全て税抜きです．

サイエンス社

■科学の最前線を紹介する月刊雑誌　　　　（毎月20日刊）

数理科学　MATHEMATICAL SCIENCES

自然科学と社会科学は今どこまで研究されているのか——．
そして今何をめざそうとしているのか——．
「数理科学」はつねに科学の最前線を明らかにし，
大学や企業の注目を集めている科学雑誌です．**本体 954 円（税抜き）**

■本誌の特色■
①基礎的知識　②応用分野　③トピックス
を中心に，科学の最前線を特集形式で追求しています．

■予約購読のおすすめ■
年間購読料：（本誌のみ）11,000 円　（税込み）
　　半年間：（本誌のみ）5,500 円　（税込み）
（送料当社負担）
上記以外の臨時別冊のご注文については，予約購読者の方には商品到着後のお支払いにて受け賜ります．
当社営業部までお申し込みください．

――――――― サイエンス社 ―――――――

ライブラリ 物理学グラフィック講義
和田 純夫 著

グラフィック講義 **物理学の基礎**
2色刷・A5・本体1900円

グラフィック講義 **力学の基礎**
2色刷・A5・本体1700円

グラフィック講義 **電磁気学の基礎**
2色刷・A5・本体1800円

グラフィック講義 **熱・統計力学の基礎**
2色刷・A5・本体1850円

グラフィック講義 **量子力学の基礎**
2色刷・A5・本体1850円

グラフィック講義 **相対論の基礎**
2色刷・A5・本体1950円

グラフィック演習 **力学の基礎**
2色刷・A5・本体1900円

グラフィック演習 **電磁気学の基礎**
2色刷・A5・本体1950円

グラフィック演習 **熱・統計力学の基礎**
2色刷・A5・本体1950円

＊表示価格は全て税抜きです．

サイエンス社